工业和信息化
人才培养规划教材

Industry And Information
Technology Training
Planning Materials

WPS Office 2013
应用基础项目式教程

职高专计算机系列

WPS Office 2013 Basic Tutorial

李瑛 ◎ 主编

张瑛 ◎ 副主编

彭仲昆 ◎ 主审

人民邮电出版社

北 京

图书在版编目（CIP）数据

WPS Office 2013应用基础项目式教程 / 李瑛主编
. — 北京：人民邮电出版社，2015.7（2020.2重印）
工业和信息化人才培养规划教材. 高职高专计算机系列
ISBN 978-7-115-38305-1

Ⅰ. ①W… Ⅱ. ①李… Ⅲ. ①办公自动化－应用软件
－高等职业教育－教材 Ⅳ. ①TP317.1

中国版本图书馆CIP数据核字(2015)第011160号

内 容 提 要

WPS Office 2013 是一款开放、高效的网络协同办公软件，具有兼容性强、二次开发容易、文档安全性高及支持 XML 标准等特点。

本书介绍了 WPS Office 2013 办公软件及应用，主要是 WPS 的文字、表格、演示、轻办公四大模块。采用项目案例方式，介绍包括 WPS Office 2013 的文件基础、基本操作、文字处理、编辑和页面操作、对象框及其操作、WPS 表格操作、WPS 电子表格的应用、WPS（幻灯片）演示文稿的制作和应用等内容。

本书紧跟 WPS 新技术的发展动态，内容详实，结构清晰，通俗易懂，具有很强的操作性和实用性，可作为广大 WPS 用户、办公自动化和文字处理初学者、计算机爱好者的自学用书，也可作为相关院校 WPS 课程的教材，同时可作为 WPS Office 全国计算机等级考试的参考书目。

◆ 主　　编　李　瑛
　　副主编　张　瑛
　　主　　审　彭仲昆
　　责任编辑　桑　珊
　　责任印制　杨林杰
◆ 人民邮电出版社出版发行　　北京市丰台区成寿寺路 11 号
　　邮编　100164　　电子邮件　315@ptpress.com.cn
　　网址　http://www.ptpress.com.cn
　　涿州市京南印刷厂印刷
◆ 开本：787×1092　1/16
　　印张：16.5　　　　　　　　2015 年 7 月第 1 版
　　字数：434 千字　　　　　　2020 年 2 月河北第 4 次印刷

定价：39.80 元
读者服务热线：(010)81055256　印装质量热线：(010)81055316
反盗版热线：(010)81055315

前　言

WPS Office 2013 是一款开放、高效的网络协同办公软件，与以前的版本相比，具有兼容性更强、二次开发更容易、文档安全性更高及支持 XML 标准等特点。

WPS Office 2013 全新的兼容概念，涵盖与 Microsoft Office 2003/2007/2010 文件格式兼容、操作习惯兼容、二次开发兼容三大方面，降低软件更换可能引发的用户对文档交流、工作效率、系统迁移的担心，降低组织的总体拥有成本（TCO）。

WPS Office 2013 定义了与微软公司 Office 软件一致的二次开发接口、一致的 API 接口、一致的对象模型，可以平滑迁移大量现有的电子政务平台和应用系统，使二次开发更容易。它从文档存储、区域保护等多角度、多方位保护文档安全。WPS Office 具有自主知识产权，可在真正意义上实现内核级安全。

WPS Office 2013 支持 OOXML、UFO2.0，遵循 XML 标准，有利于实现便利的数据交换、高效的数据检索。

2011 年，顺应移动互联网大潮，金山办公软件提前布局，开发了融合最新移动互联网技术的移动办公应用——WPS 移动版。截至 2014 年 5 月，WPS for Android 的月活跃用户数量已逾 4500 万，WPS for iPad/iPhone 月活跃用户数量超过 300 万。WPS 移动版在上线短短的 3 年时间里，活跃用户数量已达有 26 年历史的 PC 版 WPS 用户数的三分之二。目前，WPS 移动版通过 Google Play 平台，已覆盖 50 多个国家和地区，WPS for Android 在应用排行榜上领先于微软及其他竞争对手，居同类应用之首。

目前，WPS 已成功在部分中央部委及 300 多个省市级政府单位和众多大中型企业（如国家电网、宝钢集团）中得到应用和认可。

WPS Office 2013 主要包括 WPS 文字（WPS）、WPS 表格（ET）、WPS 演示（WPP）三大模块，分别对应 MS Office 的 Word、Excel 和 PowerPoint。

本书的编写以国家信息技术课程改革的新思想、新理念为指导，突出了知识与技能、过程与方法和情感态度价值观三维目标，进一步挖掘了信息技术课程学科思想，体现了信息技术学科性和工具性的双重价值，既重视对基础知识的掌握，又强调了对学生操作能力、思维能力和解决实际问题能力的培养。

本书侧重于基本技能的培训，在加强基础培训的前提下，对系统的每项功能，都有简要的文字描述并辅以插图，读者可跟随本书讲解的内容在计算机上亲自操作，无需太多的基础和时间便能迅速地学以致用，使学习变得生动有趣。

全书将教程和实训合二为一，各部分案例均设计了项目描述、技术分析、项目实施、知识拓展和技能提升几个环节，并配备了具有代表性的习题，既突出知识点，又给出了详尽操作步骤，非常适合初学者使用。技能提升部分提供的一些高级技巧，可以满足读者更高层次的需求。

本书强调内容实用性、典型性的同时，针对软件技术高速发展的趋势，尽可能把关联的新技术、新应用介绍给读者。

本书兼顾最新版 WPS 全国计算机等级考试一级考试和其他一些计算机应用证书考试的要求，增加了考试策略和考题精解，对提高过级率极有帮助。

本书由李瑛任主编，张瑛任副主编，参与编写的还有周炼、陈曦，其中第 1 章由周炼编写，第 2 章由李瑛、陈曦编写，第 3 章、第 5 章由张瑛编写，第 4 章、第 6 章由李瑛编写，全书由中南大学彭仲昆教授担任主审并统稿。

　　本书的出版与金山软件公司的支持和鼓励是分不开的，WPS 官网陈旭为本书提供了大量素材与指导、高级工程师杨军先生、教授级高级工程师郑京杰先生以独特视角，对全书的技术细节、案例驱动方案设计等提出了宝贵建议，特此致谢。此外，本书还得到了湖南交通职业技术学院、湖南工业职业技术学院、湖南省交通质安局、国家职业技能鉴定所、中南大学、国防科学技术大学、长沙理工大学的支持和帮助，在此一并致谢。

　　由于编著者水平所限，书中难免有错漏之处，敬请读者批评指正。

编者
2015 年元月

目 录 CONTENTS

第3章　WPS 电子表格的应用　86

第4章　WPS 演示的应用　132

第5章　WPS 的网络应用　164

第 6 章　考试策略及试题精解　193

PART 1

第 1 章
WPS Office 2013
快速操作入门

本章通过实例全面系统地介绍了办公软件 WPS 的基本知识。主要介绍 WPS Office 2013 三大功能组件（WPS 文字、WPS 表格、WPS 演示）通用的基本操作以及工具界面。本章将帮助读者快速入门，将学习曲线缩到最短。

项目1　WPS 模板应用——"联合行文"机关文件

【项目描述】

办公室王秘书接到任务，急需制作一个"联合行文"的机关文件，分发给本部门及各级相关机构。使用 WPS 文字的模板功能，王秘书迅速地顺利完成任务。文件效果如图 1.1 所示。

图 1.1　"联合行文"文件效果图

【技术分析】

通过对本项目进行需求分析，此实践主要涉及的操作如下。

- 文档的创建。
- 输入文档内容。
- 模板的使用。
- 保存和打印输出文档。

什么叫模板文件？通常情况下，用户所制作的文件大都具有某些固定的格式，诸如请假报告、请柬、公文、申请书、合同等。用户在制作这些文档时，如果是从一个空白文件开始，则每次都需要输入某些约定的文字（套话），并按照某些固定格式对文件进行输入和编辑，这样实在很浪费时间和精力。为了减少工作量，WPS Office 2013 提供了丰富而强大的模板库，可以帮助用户快捷高效地完成工作。专业模板包含精致的设计元素和配色方案，套装模板专业解决方案使用户的演讲稿标新立异、胜人一筹；还可以为用户提供数千个精品模板的互联网模板彻底解决模板的丰富性和客户端的存储容量的矛盾。

【项目实施】

1．新建 WPS 文件

双击桌面的"WPS 文字"图标██或单击"开始 | 所有程序 | WPS Office 个人版 | WPS 文字"命令打开"WPS 文字"窗口，如图 1.2 所示。

图 1.2　"WPS 文字"窗口

2．模板文件的使用

在"模板分类 | 办公范文"下单击"党政范文"命令，选择"联合行文机关文件制作"模板，单击"立即下载"按钮██████，模板文件出现在当前窗口。模板文件的选择如图 1.3 所示。

图 1.3　模板文件的选择

3．文字内容的输入

利用【Ctrl+Shift】组合键，切换到中文输入方式，根据文件内容将标题、报送机关、时间、地址等信息进行相应的输入、修改。如将标题写为"教育部职业教育司"……

4．文件的保存

保存此新建文件的具体操作步骤如下。

步骤 1 在屏幕左上方"快速访问"工具栏 📄 💾 🖨 🗋 ↰ ↱ ▾ 上，单击"保存"按钮 💾，系统弹出"另存为"对话框，如图 1.4 所示。

图 1.4 "另存为"对话框

在对话框的顶行有 4 个按钮，单击"本地文档"按钮 🖥本地文档，该文件将存入个人计算机(俗称电脑)的硬盘(C:\ 、D:\ 、E:\ 、F:\ 、……)中；单击"WPS 云文档"按钮 📡 WPS云文档，该文件将存入 WPS 网络空间。

值得注意的有以下两点。

① 前者即存入"本地文档"(C:\ 、D:\ 、E:\ 、F:\ 、……) 中的文件，当个人电脑的硬盘坏了，所有文件将丢失。

② 后者即存入"WPS 云文档"中的文件，实际是存入 WPS 远程服务器，用户如果是本地文件被破坏或丢失，再或者需要在异地编辑处理本文档时，用户可以在轻办公客户端或网页中直接调用本地程序打开云端文档，当文档编辑完成后保存，文档会自动保存回轻办公。无须手动下载上传，并且不受本地应用程序限制，本地能编辑的文件都可以在轻办公中的云端编辑（详见本书第 5 章 WPS 的网络应用）。

步骤 2 在"文件名"右侧的输入框中输入文件名"机关联合行文.wps"；在"保存类型"列表框中，选择文档保存的格式。WPS 文字 2013 默认保存为".doc"格式，最后单击"保存"按钮。

5．浏览和打印文件

打印文件之前最后检视一下。在"快速访问"工具栏 📄 💾 🖨 🗋 ↰ ↱ ▾ 上，单击"打印预览"按钮 🗋，无误后单击"打印"按钮 🖨，在图 1.5 所示的"打印"窗口中设置打印份数后，单击"确定"按钮。

图 1.5 "打印"对话框

6. 使用模板文件的具体操作

步骤 1 在联网的前提下（以后不再提示），双击屏幕上的"WPS 文字"图标 ，电脑进入"WPS 文字"界面（首页），如图 1.6 所示。

图 1.6 "WPS 文字"界面（首页）

步骤 2 在首页左边的"模板分类"下拉列表的"办公范文"中，选取"党政范文"。此时屏幕右边将各式各样的标准党政范文显示无遗，根据本项目的要求，单击"联合行文机关文件制作"模板，电脑立即从互联网模板库中下载该文件而进入编辑状态，用户只需输入文件标题、主送单位、文件内容……就可以了。

步骤 3 进入输出打印，请记住在往后的所有输出打印操作前，一般都要经历"打印预览"操作——查看文档打印输出后的效果，看看文件的整体版面布局，如不满意，可对字体、字号、字形、间距等重调直至文档美观，以免浪费纸张。具体操作很简单，单击屏幕左上方"快速工具栏"中的"打印预览"按钮 ，如满意则单击"打印"按钮 。

【知识拓展】

WPS 是 Word Processing System 的缩写，即字处理系统。WPS Office 由金山办公软件出品，1989 年 WPS 1.0 问世，历经 25 年锤炼，如今 WPS Office 个人版在国内的累计使用用户已超过 1 亿，月活跃用户数量超过 5000 万。WPS Office 2013 完全符合现有用户习惯和文档兼容需要，以更加亲民的形象和卓越的性价比服务大众。

金山 WPS 的政府采购远超老牌竞争对手微软的 Microsoft Office。2013 年最新 CSIP（工业和信息化部软件与集成电路促进中心）官方统计数据显示，金山 WPS 已然占据总政府采购量 2/3 及国家重点和骨干行业半壁江山。三大优势凸显。一是价格，WPS 个人版实行终身免费，WPS 商业版价格不及微软相关产品的 1/4；二是本土化，金山等国内厂商更熟悉国内市场，在金融等行业的客户定制方面具有优势地位，而国外软件厂商往往存在"水土不服"问题；三是安全和版权。出于国家战略和国家安全的需要，我国自主研发的金山，其"后门"比微软的更少，因而更能保障国家安全需要。例如在军工方面，金山有专门为其提供的保密版。随着"斯诺登事件"的发酵，国人使用国产正版办公软件理念将更深入人心。另外，与动辄 1～2 个 GB 的 Microsoft Office 相比，42MB 的 WPS 显得格外小巧。

金山还力求为用户提供更多的增值服务。2011 年，金山公司相继推出了安全云存储、金山快盘、轻办公、移动 WPS 办公软件等新品，逐步完成向移动互联网和云计算转型。

WPS Office 2013 是一款开放、高效的套装办公软件。其强大的图文混排功能、优化的计算引擎和强大的数据处理功能、使用方便的动画效果设置、PDF 格式输出功能等，完全符合现代中文办公的要求。主要包括 WPS 文字（WPS）、WPS 表格（ET）、WPS 演示（WPP）三大模块。另外，WPS Office 2013 还提供十大文档创作工具，具备 100 项深度功能改进，并支持随时随地办公，再加上其专业的贴心服务，能给用户带来全新的体验。

1998 年 9 月开始，WPS 被列入国家计算机等级考试。人力资源和社会保障部人事职称考试及劳动和社会保障部职业技能鉴定考试和公务人员计算机考试都将金山 WPS Office 办公应用列入考试模块。

1. WPS Office 2013 的下载

目前 WPS 的最新版本为 WPS Office 2013，其体积小，下载安装便捷，采用 Windows 7 风格的新界面，赋予用户焕然一新的视觉享受，让用户轻松地在时尚界面与经典界面之间一键切换。

步骤 1　确保能与互联网连接。在浏览器 "地址" 栏输入 "www.wps.cn" 并按回车键，进入金山 WPS 官方网站，如图 1.7 所示。

图 1.7　金山 WPS 官方网站首页

步骤 2　单击 "免费下载" 按钮，下载 WPS Office 2013，在图 1.8 所示的对话框中，单击 "保存" 按钮。

步骤 3　等待几分钟，下载完成。Windows 桌面上多了 WPS Office 2013 最新的安装文件的图标 ，文件的大小仅约 58.9MB。（注：由于用户的 PC 各异，软件配置不同，故本处的下载与安装界面稍有差别，但操作原则不变。）

图 1.8 软件下载对话框

2. WPS Office 2013 的安装

在 Windows 7 下安装 WPS Office 2013 的操作步骤如下。

步骤 1 双击桌面上 WPS Office 2013 应用软件安装包文件的图标，系统进入 WPS Office 2013 安装向导对话框，可以通过"更改设置" 更改设置 按钮，更改软件安装的位置，如图 1.9 所示。

图 1.9 安装向导对话框

步骤 2 单击"立即安装"按钮，进入安装进度显示，提示画面动态显示 WPS Office 2013 版最新功能，如图 1.10 所示。

图 1.10 安装进度画面

步骤 3 单击"关闭"按钮，完成整个安装操作。此时桌面新增了四个小图标，它们分别是："WPS 文字"图标 、"WPS 表格"图标 、"WPS 演示"图标 和"轻办公"图标 。

3. WPS Office 2013 的卸载

WPS Office 2013 带有自卸载程序，具体操作步骤如下。

步骤 1 选择"开始 | 所有程序 | WPS Office 个人版 | WPS Office 工具 | 卸载"命令，

打开图 1.11 所示的对话框。

步骤 2 选择"我想直接卸载 WPS",单击"开始卸载"按钮,即可完成软件卸载。

4．WPS Office 2013 界面的更改

WPS Office 2013 为用户准备了四种皮肤界面,用户可以根据自己的喜好对产品进行换肤。WPS 为喜欢尝鲜的用户准备了两款 2013 风格的皮肤,分别是素雅黑和清新蓝。同时也为习惯使用 Microsoft Office 的用户准备了 2012 皮肤(2012 风格和经典风格),无论喜欢哪类风格的用户都能使用自己喜欢的皮肤,"四种皮肤随心换"。 WPS 换肤(更改界面)的具体操作如下。

安装完 WPS 以后,系统将自动运行 WPS 文字模块,系统默认界面为"2013 素雅黑",单击屏幕顶行的右边"更改界面…"按钮,将自动弹出"更改界面"对话框,如图 1.12 所示。

图 1.11 WPS Office 2013 卸载对话框

图 1.12 "更改皮肤"对话框

单击"我的皮肤"按钮,选择图 1.12 中任一种界面,更改界面后需重新启动 WPS 模块才有效。为了适用教育部的要求,本书按 2013 年版考试大纲和 "经典风格"界面编写。

 因皮肤界面不同,各功能按钮集成位置有差异,而国考命题中有不同的皮肤界面,建议初学者对每种皮肤的操作都要熟悉。

5．WPS 三大功能模块展示

(1)WPS 文字。

文字处理模块是一个文字输入和文档编辑处理器,其中所包含的众多工具能够帮助用户轻松地实现文档格式化。无论是简单的信件,还是完整复杂的手稿,它都能够帮助用户轻松地创建。利用 WPS 文字可以方便地实现图、文、表的混排,能够直接存取 Word 文档,所生成的文档也可以直接在 Word 中打开并进行编辑。其编辑界面如图 1.13 所示。

(2)WPS 表格。

电子表格制作模块,能实现对数据资源系统化的管理,并有优化的计算引擎和强大的处理功能,支持七大类、近百种函数与条件表达式,还可以跨表计算。用户可以通过创建柱形

图、饼图等图表，使单调繁杂的数据变成直观明了的图表，还能够直接存取 Excel 文档。其工作界面如图 1.14 所示。

图 1.13　WPS 文字界面

图 1.14　WPS 表格界面

（3）WPS 演示。

演示文稿编辑模块可用于创建和显示图形演示文稿。它所生成的演示文稿可以包含动画、声音剪辑、背景音乐以及全运动视频等。利用 WPS 演示可以让冗长枯燥的报告变成条理清晰、富有表现力的屏幕幻灯片，全面提高会议质量。并能够直接存取 PowerPoint 文档。其编辑界面如图 1.15 所示。

图 1.15　WPS 演示经典风格界面

【技能提升】

1．输出为 PDF 格式

PDF 便携文件格式是由 Adobe 公司所开发的独特的跨平台文件格式。PDF 文件以 PostScript 语言图像模型为基础，无论在哪种打印机上都可保证精确的颜色和准确的打印效果，即 PDF 会忠实地再现原稿的每一个字符、颜色以及图像。PDF 文件不管是在 Windows、UNIX 还是在苹果公司的 Mac OS 操作系统中都能使用。这一特点使它成为在 Internet 上进行电子文档发行和数字化信息传播的理想文档格式。越来越多的电子图书、产品说明、公司文告、网络资料、电子邮件开始使用 PDF 格式文件。且 PDF 文件不易破解，可以在一定程度上防止他人修改、复制和直接抄袭。

为了满足用户的特殊需要，WPS Office 提供了将 WPS 文档输出为 PDF 格式的功能。用户可以利用 Acrobat Reader 等软件阅读输出的 PDF 文档，具体操作方法如下。

步骤1 单击左上角的"[WPS 文字 ▾] | 文件 | 输出为 PDF 格式"命令，打开图 1.16 所示的对话框。

步骤2 在"保存到"选项下输入 PDF 文件的保存位置，也可以单击"浏览"按钮，在本地选择位置。

图 1.16　输出为 PDF 文件"常规"对话框

步骤3 在"权限设置"标签中可以设置 PDF 文档的"密码"和"打开密码"。用户可根据需要设置其他选项，如"允许更改""允许复制"等，如图 1.17 所示。

步骤4 单击"确定"按钮，完成设置。

2．获得帮助

WPS Office 2013 提供了较为全面的帮助，用户通过有效地利用帮助文档，可以达到事半功倍的学习效果。在启动相应模块的前提下，如在"应用程序"菜单中，选择"帮助 | WPS 文字帮助"命令，或直接单击屏幕顶行的"帮助"按钮 ?▾ ，或按快捷键 F1，即可进入对应程序的帮助文档窗口。

在帮助主窗口中可以按目录查找、使用索引、搜索关键字来获取帮助。

图 1.17 输出为 PDF 文件"权限设置"对话框

项目 2 WPS 快速提高办公效率——长微博应用

【项目描述】

商务厅会展产业处的小黄，近两年跟踪长沙国际会展中心项目建设情况，他需要定期在官网通报项目建设的最新进展。最近为提升服务效率，需要同时在官方微博中发布。效果如图 1.18 所示。

长沙国际会展中心建设情况通报

今年以来，在省委、省政府的高度重视及省级有关部门的大力配合下，按照"2014 年全面启动建设，2016 年一期馆建成并投入运营，主要配套项目全面完成。"的总体目标，长沙国际会展中心项目建设有序推进。

1. 征地拆迁情况。用地申报方面，已取得会展片区首期 1288 亩土地的用地红线图，目前正在办理土地使用权证；同时，2014 年会展中心项目用地指标已申报至市国土局。拆迁方面，会展场馆及梯塘路项目建设共需拆迁 353 户，截至 4 月 29 日已完成拆迁倒房 327 户，剩余 26 户，完成拆迁 92%，并完成了主场馆范围内约 270 亩交地工作。

2. 会展场馆建设情况。会展中心项目总投资额约 57.2 亿元，拟分两期进行建设。目前，场馆可研及水土保持、地震安全评价、消防评估、环境影响评估、节能评估及结构超限审查等各专项评估已完成评审，并已完成场馆初设批复及地质详勘；施工图设计已完成 80%；主场馆区域"表土清理外弃及回填工程"项目已开始进场施工；主场馆施工招标代理单位已确定，已拟定招标方案。

3. 融资情况。根据省政府确定的"政府引导、企业主导、市场运作"的原则，采取边融资、边建设、边招商的方式，加快推进项目建设。截至目前，本项目已筹集建设资金 5.2 亿元，其中财政到位资金 3 亿元，梯塘路项目贷款 2.2 亿元。同时，主场馆融资与国家进出口银行达成了首期贷款 7 亿元的意向；片区土地开发融资已与建设银行签订了 12.5 亿元的贷款意向书。

4. 合资公司组建情况。按照 2013 年 6 月 3 日杜家毫省长主持召开的省政府常务会议精神，城投会展公司、三湘集团、上海陆家嘴集团三方共同出资组建合资公司作为项目业主单位，具体负责会展场馆建设、运营、相关配套项目的建设及片区开发工作。目前，合资公司组织架构搭建完成，已经办结相关法律手续，各层级管理人员已经到位。

5. 配套项目建设情况。根据省政府关于会展项目配套与主场馆建设要协调统一、同步实施的要求，市政府对会展片区范围内的水、电、路、气、通讯、景观等 31 个配套项目进行了进一步的责任分解，明确了责任主体和责任人，并制定了任务书、时间表、路径图。目前，梯塘路已完成了 75%的工程量；滨河路、香樟东路、光达泵站已取得立项批复；110 千伏光达输变电工程、黄兴大桥、香樟东路、劳动东路延长线二期、浏阳河风光带及磨盘洲、中轴公园等项目的前期工作已启动；片区深度城市设计工作，设计方案征集文件已经拟定，于 4 月底挂网开始方案征集比选；一期配套酒店项目，目前正在抓紧进行土地手续办理。

2014/11/13　　会展产业发展处

图 1.18 "长沙国际会展中心项目建设情况"文件效果图

【技术分析】

计算机里有此前发布的一个文本文件，只需将此文件在微博中发布即可，但此时小黄发现内容太多，不能一次发布出去。通过学习及对本项目进行需求分析，他成功将此通告发布。此项目主要涉及的是 WPS 三个功能组件的一些通用功能及长微博的应用。主要涉及的操作有：

- 文档的剪切、复制和粘贴操作。
- 设置字体的格式。
- 插入图片、剪贴画。
- 长微博的使用。

【项目实施】

1. 编辑修改 WPS 文件

步骤 1 双击打开电脑内保存的"长沙国际会展中心项目建设情况.doc"文件，弹出图 1.19 所示的界面。

长沙国际会展中心建设情况通报

今年以来，在省委、省政府的高度重视及省级有关部门的大力配合下，按照"2014 年全面启动建设，2016 年一期场馆建成并投入运营，主要配套项目全面完成。"的总体目标，长沙国际会展中心项目建设有序推进。

1. 征地拆迁情况。 用地申报方面，已取得会展片区首期 1288 亩土地的用地红线图，目前正在办理土地使用权证；同时，2014 年会展中心项目用地指标已申报至市国土局。拆迁方面，会展场馆及梯塘路项目建设共需拆迁 353 户，截至 4 月 29 日已完成拆迁倒房 327 户，剩余 26 户，完成拆迁 92%，并完成了主场馆范围内约 270 亩交地工作。

2. 会展场馆建设情况。 会展中心项目总投资额约 57.2 亿元，拟分两期进行建设。目前，场馆可研及水土保持、地震安全评价、消防评估、环境影响评估、节能评估及结构超限审查等各专项评估已完成评审，并已完成场馆初设批复及地质详勘；施工图设计已完成 80%；主场馆区域"表土清理外弃及回填工程"项目已开始进场施工；主场馆施工招标代理单位已确定，已拟定招标方案。

3. 融资工作情况。 根据省政府确定的"政府引导、企业主导、市场运作"的原则，采取边融资、边建设、边招商的方式，加快推进项目建设。截至目前，本项目已筹集建设资金 5.2 亿元，其中财政到位资金 3 亿元，梯塘路项目贷款 2.2 亿元。同时，主场馆融资与国家进出口银行达成了首期贷款 7 亿元的意向；片区土地开发融资已与建设银行签订了 12.5 亿元的贷款意向书。

图 1.19 WPS 文字编辑界面

步骤 2 对照最新进展，对文字内容进行修改。

2. 字体格式的设置

选择文件大标题，在"开始"选项卡中，单击"字体"下拉列表框右侧的箭头按钮，从下拉列表中选择"黑体"，从"字号"下拉列表中选择"三号"，单击"段落"功能组，选择"居中"按钮，设置水平对齐方式。用同样的方法，将后续内容的格式稍加修改。操作方法如图 1.20 所示。

3. WPS 长微博应用

在这个人人微博控的时代，没有微

图 1.20 字体、字号、格式的设置

博的人生是不完整的。140 字微博显然已影响了畅快表达。长微博由此应运而生。

先来看看以往发长文微博的通常方式。或将 Word 文档编辑好转换成 PDF 文档,再用 PDF 文档自带图片转换工具转成图片,最后用 Photoshop 剪辑成合适的尺寸,如此反复;或用专门的转换工具进行格式转换,但这类工具大都收费,即使有试用版,也因期限无法长期免费使用,费时费力且容易遇上流氓转换软件。

其实,WPS 2013 个人版自带了一款微博神器——WPS 长微博应用,可谓将长微博应用发挥到了极致,有了这款应用,无须任何辅助工具就能将长微博进行到底。发 140～10000 字微博,随心所欲。WPS 长微博应用的具体操作方法如下。(注:本操作是 2013 界面。)

步骤 1　打开或新建即将发表的 WPS 文字文档,编辑内容,单击"特色功能"选项下的"长微博" 应用,可将文档转换为图片,分享到微博中。在图 1.21 所示的对话框中选择"适合微博显示的页面",WPS 会自动调整适合微博显示的最佳图片尺寸,用户可在调整后的页面中随心编辑,编辑后的文档输出的图片无须进行二次图片剪辑,真正实现"所见即所得"。

图 1.21　"长微博"选项对话框

步骤 2　在图 1.21 所示的对话框中选择"分享到微博",单击"分享到微博"或是"分享到腾讯微博"按钮,则可实现长微博一键快速分享。如图 1.22 所示。

WPS "长微博"按钮下的"网页版微博分享"功能,能直接打开网页版微博分享页面,实现在线长微博编辑可视化操作,图片实时生成展示更直观,同时,提供的漂亮的默认背景让用户的博文更醒目。实时效果展示如图 1.23 所示。

选择"特色功能"选项下的"输出为图片"按钮 ,会弹出"输出图片文件"对话框,可通过"浏览"按钮选择图片保存的地址,也可以选择导出图片后是否自动浏览,单击"确定"按钮,文章转为图片格式。在图 1.22 所示的"分享到微博"界面中,微博图片地址还可单独复制、保存。

图 1.22 "分享到微博"界面

图 1.23 "网页版微博分享"界面

【技能提升】屏幕截图

为了提高工作效率，满足用户的特殊需要，WPS Office 新增了截屏功能，无须使用第三方截图软件，就可以实现方便快捷地截取图片。在 WPS 文字、WPS 表格、WPS 演示三个模块中，截屏及插入图片、形状、素材库、文本框、艺术字等方法是一样的。以 WPS 文字为例，屏幕截图具体操作方法如下。

步骤 1 单击"插入 | 截屏 | 屏幕截图"命令，如图 1.24 所示。

图 1.24 插入屏幕截图

步骤 2 窗口、功能组、文档正文区等窗口可用图片形式被插入当前文档中。也可以直接按鼠标左键拖曳要截取的内容，然后单击"√"确认，或单击"×"取消，如图 1.25 所示。若是希望将其他窗口的内容截取进来，则选择"截屏时隐藏当前窗口"命令。

图 1.25 截屏工具栏

截取的图片，还能利用工具栏进行编辑，如画矩形、圆，利用箭头做标记，用文字工具做说明，可以保存等，如图 1.25 所示，读者如有兴趣，可以自行尝试练习。选中新插入的图片，则功能区"图片工具"选项卡自动激活，可以根据命令设置图片的格式，如图片大小、裁剪、颜色、组合、旋转等。

课后练习

1. 到 WPS 官网上下载最新版 WPS Office 2013 并安装。
2. 制定一份人力资源部日常行为规范，利用素材模板或自己编写都可。
3. 利用 WPS 发布一份图文并茂的长微博。

PART 2

第 2 章
WPS 文字处理

WPS Office 2013 是由金山软件公司研发的一款开放、高效的套装办公软件，采用了全新的界面风格，使用户能轻松便捷地完成如文档编辑、排版、审阅、校对及邮件合并等文字处理工作，能使用户在极短时间之内创建出既美观又专业的各类文档。本章通过 4 个项目，全面系统地介绍了 WPS 文字功能组件的使用方法，主要包括文字基本操作、表格制作及处理、模板与样式、版面设计、图文混排、邮件合并等内容。

项目 1　制作招聘启事

【项目描述】

朱颖是某公司人力资源部主管，随着公司业务发展的需要，急需广纳贤才。制作招聘启事的目的，是让更多求职者看到启事内容，以期吸引更多优秀人才加盟公司。招聘启事应传达给求职者公司招聘的职位、职数、要求、薪资待遇等信息，还应介绍公司企业文化，因此，招聘启事的格式也是有讲究的。主要要求如下。

- 主标题醒目。
- 每一段有特定的字体，且每一段之间保持一定的间距，让阅读者一目了然。
- 开头呈现首字加大或下沉效果，增加排版美观程度。
- 对重点内容添加不同形式的重点提示，让阅读者快速抓住核心内容。
- 适当利用项目符号编号定义项目内容。

经过思考和分析，使用 WPS 文字的相关功能，朱颖顺利完成了招聘启事的制作，效果如图 2.1 所示。

图 2.1　招聘启事效果图

【技术分析】

通过对本项目进行需求分析，此实践主要涉及的操作如下。

● 利用"开始"选项卡中"字体"、"段落"等功能组按钮，对字体、字符间距及段落缩进和间距等进行设置。

● 利用"项目符号和编号"选项卡，为启事内容设置编号。

● 利用"格式刷"按钮，复制文本的格式。

● 利用"首字下沉"功能，设置正文第一个字符下沉效果。

● 利用"页面设置"，对打印纸张、版面等进行设置。

● 利用"分栏"功能，对启事内容设置分栏效果。

WPS 文字是 WPS Office 软件中的一个重要组件，也是最常用的组件。用户可利用 WPS 文字提供的各种实用的功能，轻松地创建简单的信件，或是完整复杂的手稿，实现图、文、表的混排。

1. WPS 文字 2013 的工作界面

与传统的下拉式菜单不同，WPS Office 2013 全新的界面风格以选项卡为单位，将所有功能按钮有组织地集中存放，从而提供足够的空间存放日益增多的功能，典型工作界面如图 2.2 所示。

图 2.2　WPS 文字 2013 的工作界面快速入门

WPS Office 在采用 2013 界面风格的同时，保留了经典界面风格，对于习惯在"经典风格"界面使用 WPS Office 的用户，可根据自己的操作习惯，通过"更改界面"按钮　，自由选择切换适用的界面风格。

2．WPS 文件的管理

新建和打开文件以及如何保存编辑过的文件，是使用 WPS Office 程序完成某项工作时必须要进行的操作。

（1）新建空白文件。

WPS Office 有多种方法创建新文件。

● 从"文档标签栏"中创建。从"文档标签栏"　　　　下拉菜单中，选择"新建"或"从默认模板新建"。单击"文档标签栏"最右边的"＋"或直接在"文档标签栏"上的空白位置双击新建。

● 根据模板创建。

● 从"任务窗格"中创建。

● 单击页面最右侧的"展开任务窗格"，或在"视图"选项卡上的"显示"组中，勾选"任务窗格"复选框，默认在右边显示任务窗格。单击"新建"按钮，选择新建文件方式。

● 选择左上角 　WPS 文字　菜单下的"文件 | 新建"命令。

● 按＜Ctrl＋N＞组合键。

（2）打开文件。

打开在本地已存盘的文件，可通过下列几种方式。

● 从"快速访问"工具栏中直接打开。在"快速访问"工具栏上单击"打开"按钮　，弹出"打开"对话框，在"查找范围"列表中，单击本地驱动器，在文件夹列表中，找到所需要的文件，双击打开文件。

● 选择左上角 　WPS 文字　菜单下的"文件 | 打开"命令。

● 从"任务窗格"中打开。展开页面最右侧的"任务窗格",选择"新建"命令,直接从"最近使用的文档"列表中选择,或单击"打开"按钮,选择需要打开的文件。单击"管理"按钮,也可从文件列表中选择。

● 按<Ctrl+O>组合键。

（3）保存文件。

保存文件包括:保存新建的文件、保存已有的文件、第一次保存时生成备份文件等几种情况。

● 保存新建文件。保存新建文件的方法如下。

方法1 单击"快速访问"工具栏 上的"保存"按钮 ,系统弹出"另存为"对话框,选择文件存放的相应位置（在对话框中指定盘符、路径、文件夹、文件名）、文件保存的类型,输入文件名后,单击"保存"按钮,如图2.3所示。

小提示　指定盘符、路径、文件夹、文件名,意即"文档1"保存在本机哪一个硬盘上,该盘的哪一个文件夹（路径）中,该文件叫什么名字（文件名）。

图2.3　"另存为"对话框

方法2 文档切换标签上的文件名右侧显示"*"号 ![文档4*],表示该文档已修改但未保存,双击"*"号,也可进入图2.3所示的"另存为"对话框。

● 保存已有文件。若对已存盘的文档进行了修改,在不改变文件名及其保存位置的情况下再次保存,可使用下面任一方法操作。

方法1 单击"快速访问"工具栏 上的"保存"按钮 。

方法2 选择左上角 ![W WPS文字] 菜单下的"文件"|"保存"命令。

方法3 按【Ctrl+S】组合键。

● 保存文件副本。若需以新的名字、新的格式保存文件副本,则选择左上角 ![W WPS文字]

菜单下的"文件 | 另存为"命令。

（4）关闭文件。

关闭已打开或编辑过的文件，常用方法如下。

● 单击窗口右上角的"关闭"按钮 。

● 按【Ctrl+F4】组合键。

● 单击文档标签右侧的"关闭"按钮 [🖿 邮第2章 .doc   ×]。

● 右击文档标签还可选择"保存所有文档""关闭所有文档"。

3．WPS 文字的基本操作

（1）输入文本。

利用【Ctrl+Shift】等组合键，切换至某种输入法输入文字。若输入错误，可按 Back Space 键或 Delete 键删除。"插入"与"改写"是文本键入时的两种模式。按 Insert 键可在两种模式间切换。在"插入"模式下，将在插入点后插入新的内容。在"改写"模式下，键入的内容将覆盖插入点后的内容。

输入的文字到行尾时，会自动换行，若按回车键则开始新的段落。此外，用户在输入过程中，还可利用 WPS 文字提供的功能插入日期、时间、特殊符号等。如在英文输入状态 A|标准|↵|·,|▦ 下按【Shift+ -】组合键，可输入"＿＿年＿＿月＿＿日"中的下画线。"×"等符号，就可用特殊方法输入。右击输入法指示器上的"软键盘▦"，选择"数学符号"选项，在弹出的虚拟键盘上选择数学符号"×"即可。单击软键盘上的 Esc 键回到正常输入状态。

另外，单击屏幕顶行的"插入"选项卡，在对应的功能按钮中选取"插入符号"按钮Ω，可选择近期常用的符号。

单击"其他符号…"按钮，可在弹出的"符号"对话框中进行更多选择，在"子集"的下拉选项中选择"制表符"，再选中相应的特殊符号即可，如"☎📖✈♀♂"等符号的输入，如图 2.4 所示。

图 2.4　"符号"对话框

（2）选定文本。

若要对文本进行编辑，需先选定要操作的文本。在 WPS 文字中，使用鼠标、键盘或键盘配合鼠标均可选定文本。

● 用鼠标选定文本。将鼠标指针放在要选定的文本起始处，按住鼠标左键并拖动，选择所需的文本块后释放鼠标按键，即可选定任意大小的文本块。常用方法见表 2.1。

表 2.1　用鼠标选定文本的常用方法

选定对象	操　作	选定对象	操　作
一行文本	鼠标指针移动到该行的左侧选定区，直到指针变为指向右边的箭头，单击	一个段落	鼠标指针移动到该段左侧选定区，直到指针变为指向右边的箭头，双击。或在段落中的任意处三击
不同相邻的多块文本	按住 Ctrl 键的同时，鼠标选取多块	多个段落	鼠标指针移动到该段落的左侧，直到指针变为指向右边的箭头，然后双击，并向上或向下拖动鼠标
多行文本	鼠标指针移动到该行的左侧，直到指针变为向右的箭头，然后向上或向下拖动鼠标	较长文本	将光标置于选取内容的起始处，然后滚动要选取内容的结尾处，在按住 Shift 键同时单击
单词	双击选取该词	全部文本	鼠标在页面左侧空白处三击

● 用键盘选定文本。WPS 文字还提供了一套利用键盘选择文本的方法。主要是通过 Ctrl、Shift 和方向键来实现的，如【Ctrl + A】组合键选定整个文档等。其方法如表 2.2 所示。

表 2.2　用键盘选定文本的常用组合键

组　合　键	作　用	组　合　键	作　用
Shift + ↑	向上选定一行	Ctrl + Shift + ↓	选定内容扩展至段末
Shift + ↓	向下选定一行	Shift + Home	选定内容扩展至行首
Shift + ←	向左选定一个字符	Shift + End	选定内容扩展至行尾
Shift + →	向右选定一个字符	Shift + PageUp	选定内容向上扩展一屏
Ctrl + Shift + ←	选定内容扩展至上一单词结尾或上一个分句结尾	Shift + PageDn	选定内容向下扩展一屏
Ctrl + Shift + →	选定内容扩展至下一单词结尾或下一个分句结尾	Ctrl + Shift + Home	选定内容扩展至文档开始处
Ctrl + Shift + ↑	选定当前内容至段首	Ctrl + Shift + End	选定内容至文档结尾处

若要取消选定文本，可以用鼠标单击文档中的任意位置、按 Esc 键或通过键盘执行移动光标的操作。

（3）复制和移动文本。

选定文本后，即可对选定内容进行各种操作，如移动、复制等。用户可以通过命令、快捷键或鼠标完成这些操作。

移动、复制文本的一般操作方法如下。

步骤 1 选定要移动或复制的文本。

步骤 2 若要移动文本，执行"剪切"命令，若要复制文本，执行"复制"命令，将选定内容移入系统上（即暂时进入剪贴板）。

步骤 3 将光标定位到目标位置，执行"粘贴"命令，即将系统"剪贴板"中的内容粘贴到目标位置。

以上方法较适合长距离移动或复制选定内容。若处在当前窗口等短距离中，移动或复制选定内容，使用鼠标拖放较为简便。

复制和移动文本的常用方法如表 2.3 所示。

表 2.3　复制和移动文本的常用方法

操作方式	复　　制	移　　动
选项卡按钮	① 单击"开始"选项卡，选择"复制"按钮 ② 单击目标位置，然后选择"粘贴"按钮	将左边步骤①改为单击"剪切"按钮
快捷键	① 按【Ctrl+C】组合键 ② 单击目标位置，按【Ctrl+V】组合键	将左边步骤①改为按【Ctrl+X >】组合键
鼠标	① 短距离复制文本，按 Ctrl 键同时拖曳选定文本，此时方框中有个"＋"号 ② 虚线定位至目标位置，释放鼠标，再松开 Ctrl 键	左边步骤中不按 Ctrl 键
快捷菜单	① 右击选定文本，在弹出的快捷菜单中选择"复制"命令 ② 单击目标位置，然后选择"粘贴"命令	将左边步骤①改为单击"剪切"按钮

（4）删除文本。

若要将选定的内容从文件中删除，可通过以下方法实现。

方法 1 在键盘上按 Delete 键。

方法 2 执行"剪切"操作。

插入点若置于要删除的文本后，按一次 Backspace 键可以删除左边的一个汉字或字符。插入点若置于要删除的文本前面，则按一次 Delete 键可以删除插入点右边的一个汉字或字符。

（5）撤销和恢复。

WPS Office 2013 提供了"撤销"和"恢复"功能，通过该功能可以撤销或恢复最近执行过的一些操作。

撤销和恢复的具体操作方法如表 2.4 所示。

表 2.4　撤销和恢复的具体操作方法

操作方式	撤　销　前　次　操　作	恢　复　撤　销　的　操　作
工具栏按钮	单击"快速访问"工具栏中的"撤销"按钮	单击"快速访问"工具栏中的"恢复"按钮
快捷键	按【Ctrl+Z】组合键	按【Ctrl+Y】组合键

若撤销多次操作，只需重复执行撤销操作即可。

4．设置字体格式

WPS Office 提供了丰富的中西文字体、多种字号和各种字符格式设置。合理选用各种字符的格式和修饰，可以美化版面，使输出的文件赏心悦目，也可以使文档层次分明，用户在浏览时能够一目了然地抓住重点。如果不对字符设置格式和修饰，则系统以默认的字体（宋体）、字号（五号字）及字形（常规）显示和打印。

（1）字体、字号和字形等常用名词的解释。

"字体"，指的是字的形体，一般有楷体、宋体、黑体、方正字体、隶书等，还有简体汉字还有相应的繁体上百种。

"字号"，指的是字的大小，用一个字的长度和宽度来描述，比如一本书的章标题，要求字要大一点，可用"三号字"，而节标题相对要小一点，可用"四号字"，而正文一般则用"五号字"。

> **小提示**　WPS 提供了两种字号系统，中文字号的数字越大，文本越小；阿拉伯数字字号以磅为单位，数字越大文本越大。

"字形"，是指字的形状。WPS Office 提供了常规形、倾斜形、加粗形和倾斜加粗形，如图 2.5 所示。

```
这是常规形 三号字 宋体      这是三号 楷体_GB2312
这是倾斜形 三号字 宋体      这是三号 方正舒同 GBK
这是加粗形 三号字 宋体      这是四号 方正铁筋隶书 GBK
这是加粗 倾斜形 三号字 宋体   这是四号 方正珊瑚 GBK
```

图 2.5　字体、字号、字形的示例

"字间距"，是指相邻两个字符间的距离。WPS Office 中字间距的单位有 5 种——字宽的百分比、英寸、磅（1 磅 = 1/72 英寸）、毫米和厘米。

"行间距"，是指行与行之间的距离。

对于文字处理，有一些业内行话，如书的章标题采用"三宋居中占五行"，即这本书的所有章标题（一级目录）一律定为三号字、宋体，文字居中，并占用五行的高度；节标题（二级目录）用"四楷居中占三行"，即用四号字、楷体、居中排版，占三行的位置等。

以上这些规定一般是沿用了出版部门或人们的习惯。用户可根据文件的要求自行定义，使电子文档更具个性化。

（2）设置字体。

WPS Office 可以使用自带的方正字库所提供的 64 种中文字体，也可以使用 Windows 提供的各种中、西文字体。

WPS Office 使用的汉字基本字体是宋体、仿宋体、楷体、黑体 4 种字体的简体字体，扩充字体有标宋、隶书、行楷、魏碑、细圆、准圆、琥珀、综艺等。

系统默认汉字字体为宋体，默认的西文字体为 Times New Roman。

设置字体的具体步骤如下。

步骤 1　选中需改变字体的文本。

步骤 2　在"开始"选项卡上的"字体"组中，在"字体" 微软雅黑 　·列表框中选择或键入一种字体。用户还可通过单击"字体"组中的"旧式工具",在"字体"对话框中进行设置。

（3）设置字号。

字号代表字符的大小,在文档中使用不同的字号很有必要。文本设置字号的具体操作步骤如下。

步骤1 选定要改变字号的文字。

步骤2 在"开始"选项卡上的"字体"组中,在"字号五号 "下拉列表中选择合适的字号。用户还可在"字号"下拉列表框中,输入 1～1638 的数值,然后按下 Enter 键设置字号大小。

除此之外,还可在"开始"选项卡上的"字体"组中,单击 A 按钮和 A 按钮来增大和减小字号。

设置字体、字号的操作过程如图 2.6 所示。

图 2.6　设置字体、字号的操作过程

（4）设置字形。

字形代表文本的字符格式。在"字体"组中有设置粗体、斜体和下画线等几个常用的控件按钮,用来设置文本字形。分别单击 **B** 、 *I* 、 U 时,则为选定文字设置和取消粗体、斜体或下画线。单击下画线右侧的下拉列表框,可选择下画线类型和设置下画线颜色。

（5）设置字体颜色。

设置文本颜色的一般步骤如下。

步骤1 选定要设置颜色的文字。

步骤2 若要将最近使用过的颜色应用于所选文字,在"开始"选项卡上的"字体"组中,单击"字体颜色"按钮 A 。若要应用不同的颜色,则单击"字体颜色 A 下拉列表,选择所需颜色,如图 2.7（a）所示。

步骤3 若对预设字体颜色不满意,可单击"其他字体颜色…"命令,在"颜色"对话框中选择颜色,如图 2.7（b）所示。若 "标准颜色"中没有合适的颜色,则利用"自定义"

标签选项自行设定颜色。

（a）　　　　　　　　　　　（b）

图 2.7　"颜色"对话框

步骤 4　单击"确定"按钮。

小提示　与字体相关的格式应用都可在"字体"对话框进行设置。

5．设置字符边框和底纹

设置字符边框是指文字四周添加线型边框，设置字符底纹是指为文字添加背景颜色。

（1）设置字符边框。

WPS 文字可以对文本、段落、表格及表格的单元格、图形对象添加边框。

文字边框可以把重要的文本用边框围起来，凸显其重要性。设置方法为选定要设置字符边框的文本，在"开始"选项卡上的"段落"组中，单击"边框"按钮 ，在下拉列表框中可选择"左右上下框线""内外侧框线"等各种类型，即可为所选的文字添加边框效果，如图 2.8 所示。

图 2.8　设置字符边框

（2）设置字符底纹。

WPS 文字可以对文本、段落、表格及表格的单元格、图形对象添加底纹，并可以为图形对象应用颜色或纹理填充。

为了对不同的字符进行区分，可以为字符设置底纹。设置方法为：选定要设置底纹的字符文本，在"开始"选项卡上的"字体"组中，单击"字符底纹"按钮 A，即可为选中的字符添加底纹，再单击"底纹颜色"按钮 ，在颜色板中选取你心仪的颜色，如图 2.9 所示。

> 为了对不同的字符进行区分，可以为字符设置底纹。设置方法为：选定要设置底纹的字符文本，在"开始"选项卡上的"字体"组中，单击"字符底纹"按钮 A，即可为选中的字符添加底纹，再单击"底纹颜色"按钮 ，在颜色板中选取你心仪的颜色，如图 2.9 所示。

图 2.9　设置字符底纹颜色

6．设置段落格式

段落是文本、图形、对象及其他项目的集合，WPS Office 中的段落是以回车符结束的一段内容。操作包括对段落进行缩进、对齐方式、行间距、段间距、制表位、分栏、边框底纹、项目符号等设置。

若只对某一段进行设置，可将插入点置于段落中；若需对多个段落进行设置，则需将这些段落全部选定。

（1）设置段落缩进。

段落的缩进分为左缩进、右缩进、首行缩进和悬挂缩进。

左缩进值为段落左边缘与当前段落所在栏的左边缘之间的距离。右缩进值为段落右边缘与当前段落所在栏的右边缘之间的距离。首行缩进值表示段落第一行相对于所在段落的左边缘的缩进值。悬挂缩进表示整个段落除了首行以外的所有行的左边界缩进。

方法 1　使用功能区工具。在"开始"选项卡上的"段落"组中，单击"减少缩进量 "或"增加缩进量 "，WPS 文字会增加一个制表位宽度的缩进量。

方法 2　使用 Tab 键设置段落缩进。若要使段落首行缩进，将光标置于首行，按 Tab 键。若要取消缩进,则在移动插入点之前按 Backspace 键。

方法 3　使用水平标尺。单击垂直滚动条上方的"标尺"按钮 ，或切换"视图"选项卡，勾选"标尺"复选框，可在文档水平与垂直方向显示标尺。选取需设置的段落后，水平标尺 0 上可进行"左缩进""右缩进""首行缩进""悬挂缩进"的设置，如图 2.10 所示。

图 2.10　标尺上的缩进标记

方法 4　使用"段落"对话框。若要更精确地设置段落缩进，可在"段落"对话框中键入相应的数值。单击"开始"选项卡，"段落"组右下角的"旧式工具"按钮，在"段落"对话框中的"缩进和间距"选项卡中的"缩进"选项组中，进行设置以达到精确缩进段落文档的目的。如图 2.11 所示。

图 2.11 "缩进和间距"标签

（2）设置段落的对齐方式。

WPS 文字提供的段落水平对齐方式有"左对齐""右对齐""居中对齐""分散对齐"和"两端对齐"5 种。默认的对齐方式是"两端对齐"。在文件中，标题一般采用"居中对齐"的方式，落款一般"右对齐"。"分散对齐"方式则可以将除最后一行以外的文字均匀地排列在段落左右边缘之间，以保证段落左右两边对齐。用户可使用如下方法进行设置。

方法 1 使用功能区按钮。选择设置对象，在"开始"选项卡上的"段落"组中，单击相应按钮，如图 2.12 所示。

图 2.12 段落对齐工具按钮

方法 2 使用"段落"对话框。在图 2.11 所示"段落"对话框的"缩进和间距"选项卡的"常规"选项组中，选择对齐方式。

（3）设置段间距与行距。

行间距是一个段落中行与行之间的距离，段间距则是当前段落与下一个段落之间的距离。

行间距和段间距可以用当前行高的百分比或者一个固定值表示。WPS 默认的行间距是2.5 mm，默认的段间距是 0。

设置间距的常规方法如下。

方法 1 使用功能区按钮。选择设置对象，在"开始"选项卡上的"段落"组中，单击"行距"按钮 ≡▾ 的下拉三角，在下拉列表中选择需要设置的行距。

方法 2 使用"段落"对话框。若需精确地设置，可在图 2.11 所示的"段落"对话框的"缩进和间距"选项卡的"间距"选项组中，对行距和段前、段后间距进行设置。利用"行距"按钮 ≡▾ 的下拉列表中的"其他"选项，也可打开"段落"对话框。

小提示　　"段落"对话框中,凡是含有数值及度量单位的微调框,其单位都可以在"磅""英寸""厘米""毫米"等之间选择。

【项目实施】

1. 文档的建立与保存

步骤1　双击桌面的 WPS 文字图标，或单击"开始 | 所有程序 | WPS Office 个人版 | WPS 文字"命令打开"WPS 文字"窗口。

步骤2　单击界面左边的"快速访问"工具栏　　　　　上的"新建"按钮　，或者单击界面右边的　新建空白文档按钮，即可新建一个名为"文档1"的空白文件。

步骤3　在"快速访问"工具栏上，单击"保存"按钮，在"另存为"对话框中，选择文件保存的位置，在"文件名"框中，输入文件名"招聘启事"，在"保存类型"列表框中，选择 WPS 文字 2013 默认的 ".doc"格式，最后单击"保存"按钮。

小提示　　本步操作用户需指定"盘符、路径、文件名"。请参阅图 2.3"另存为"对话框。

2. 文字内容的输入

步骤1　按<Ctrl+Shift>组合键，切换至某种中文输入法，如"拼音"　全拼 | ● | · , | 或"五笔"　五笔型 | ● | · , |。输入图 2.1 所示的文字，如标题文字"招聘启事"。

步骤2　为节约时间，打开素材文件 "招聘资料原文本.doc"，按<Ctrl+A>组合键全选，将余下内容复制、粘贴到当前编辑文档中。

步骤3　日期和时间的设置。用户既可直接在文档中输入一个固定的日期和时间，也可为文档插入一个"自动更新"的日期和时间，具体操作方法如下。

步骤1　将光标定位到要插入日期或时间的位置。

步骤2　在"插入"选项卡对应的功能组中单击"日期和时间"按钮　日期，打开图 2.13 所示的"日期和时间"对话框。

图2.13　"日期和时间"对话框

步骤3　在"语言（国家/地区）"下拉列表框中选择一种语言。在"可用格式"列表框中选择日期和时间的表示方式。如果要以自动更新方式插入日期和时间，则勾选"自动更新"

复选框。当用户打印该文档时，打印出的日期总是最新的日期。

步骤 4 单击"确定"按钮，即可在文档中插入当前的日期或时间。

3．文档的基本格式设置

文本录入完毕后，可对字体、字形、颜色、大小、间距等进行设置，达到更令人满意的效果。

（1）字体设置。

步骤 1 将鼠标指针放在标题左侧的选择区中，当指针变为右指箭头"〈"时单击，选中标题行文字"招聘启事"。在"开始"选项卡上的"字体"组中，在"字体" 宋体 下拉列表中选择"黑体"，在"字号" 五号 下拉列表中选"小二"，单击"加粗"按钮 B 。

注意　"字体"组中的按钮只能为用户提供几个比较简单、常用的功能，个数有限，因此，空心、阳文、阴文等许多其他排版功能都需要在"字体"对话框中进行设置。

单击"字体"组右下角的"旧式工具"按钮 ，或者单击"WPS 文字 | 格式 | 字体"命令均能弹出"字体"对话框，操作过程如图 2.14 所示。

图 2.14　调出"字体"对话框的操作过程

"字体"对话框如图 2.15 所示。

图 2.15　"字体"对话框

在此对话框中可以对被选中的字符进行字体、字形、字号的设置，以及美化文字的阴文、阳文、阴影等一系列处理，也可对文本进行其他效果的设置。

采用同样的方法，将第二段"杉德集团（银卡通湖南分公司）"设为黑体、四号字，颜色自动。

按住 Ctrl 键依次选定"杉德银卡通""一、市场拓展专员：5 名""薪资待遇：""二、商户服务代表：2 名"等多个重点文字，设为华文细黑、小四号，加粗，颜色自动。

步骤 2 调整字符间距。选定标题文字"招聘启事"，单击鼠标右键，在弹出的快捷菜单中选择"字体"命令，在"字体"对话框中选择"字符间距"选项卡，如图 2.16 所示，设置字符间距加宽 5 磅，值的单位可以自选。若有需要，还可以在"字符间距"选项卡中设置字符的缩放比例、位置的提升与降低等，以达到最佳效果。

图 2.16 "字符间距"选项卡

步骤 3 设置字符底纹。选定正文中的"杉德金卡、杉德银卡通、杉德巍康、斯玛特公司、杉德电子商务和杉德网络支付"，单击"字体"组中的"字符底纹"按钮 A，即可为选定文字添加灰色底纹。如图 2.17 所示，参照招聘启事最终效果图，将其余特殊文字依次添加底纹。

> 总部位于上海，由杉德金卡、杉德银卡通、杉德巍康、斯玛特公司、杉德电子商务和杉德网络支付等公司组成，总资产超过 10 亿元人民币。
> 杉德银卡通 作为全国专业的金融 POS 服务商，成立于 2003 年，注册资本 4 亿多元。总部

图 2.17 字符底纹部分完成效果图

步骤 4 设置着重号及倾斜。选定正文中的"提供银行卡特约商户开拓、商户培训、金融 POS 机具投放安装、日常维修维护"，选择"字体"组中的按钮 AB，从下拉列表框中选择 ABC 著重号(E)选项，即可为选定文字添加着重号。在文字选定状态下，继续单击"字体"组中的"倾斜"按钮 I。效果如图 2.18 所示。

> 服务公司，拥有员工 2000 人以上。公司不仅*提供银行卡特约商户开拓、商户培训、金融 POS 机具投放安装、日常维修维护*，而且*提供基于金融 POS 设备的公交卡小额消费、磁卡/IC 卡电子支付、积分营销等个性化解决方案*，为各银行、商户提供全方位的增值服务。长期以来，

图 2.18 设置着重号及倾斜后的效果图

步骤5 格式的复制。具有相同格式的文字，可以利用"格式刷"按钮复制格式。例如步骤 4 还有多处需要设置着重号及倾斜效果，将光标放到已设置着重号及倾斜效果的文字中（因要复制其格式），双击"开始"选项卡上的"常用"工具组中的"格式刷"按钮 （单击只能刷一次），此时的光标变成 ，选中的文字内容都将使用相同格式。参照招聘启事最终效果图，利用格式刷将余下内容设置添加着重号及倾斜效果。最后单击"格式刷"按钮恢复正常模式。

（2）段落设置。

段落是指按 Enter 键结束，产生段落标记的内容。如果删除了段落标记，则标记后面的一段将与前一段合并。段落格式的设置也是美化文档的重要手段，主要为段落的对齐方式、缩进方式、段落间距、行距等的设置。

设置对齐方式：选定标题段文字"招聘启事"，单击"开始"选项卡上的"段落"组中的居中按钮 ，然后选定最后一行文字（时间），单击 按钮，将此段"水平对齐方式"设为"右对齐"。

选定招聘启事的正文部分（"杉德集团……"到"……邮箱：wei.sl _cs@sand.com.cn"）单击"段落"组右下角的"旧式工具"按钮 ，或右键单击选定文本，在弹出的快捷菜单中选择"段落"命令，打开图 2.19 所示的"段落"对话框，选择"缩进和间距"选项卡，将所有段落设置为"两端对齐"，文本之前和文本之后缩进 0 字符，首行缩进 2 字符，单倍行距。

图 2.19 "段落"对话框

特殊格式包括：

● 首行缩进——用来调整当前段落或选定段的首行首字符的起始位置。

● 悬挂缩进——用来调整当前段落或选定段首行以外各行首字符的起始位置。

行距包括：

● 单倍，1.5 倍，2 倍行距。

● 最小值和固定值，在设置时有具体的单位，如 20 磅。

● 多倍行距用于设置行距不可选的情形，设置时无单位，如 2.5 倍。

（3）项目符号和编号的设置。

条款可用项目编号自动设置。

步骤1 按下 Ctrl 键依次选定"市场拓展专员：5 名""商户服务代表：2"等段落，在

"段落"组中单击项目编号 下拉列表，在如图 2.20 所示的编号列表选项中，选择"一、二、三、……"格式的编号。用同样的方法，参照最终效果图，将其余需编号的内容设置好。

步骤 2　单击 三 按钮增加缩进量。

步骤 3　若编号列表中没有需要的样式，可单击图 2.20 中的"其他编号"项，在弹出的"项目符号和编号"对话框中选择"编号"选项卡，任选一种样式后，单击"自定义…"按钮，在图 2.21 所示的"自定义编号列表"对话框中设置编号的样式及对齐方式。比如，将"编号格式"中的顿号改为点"."。

图 2.20　"编号"下拉列表

图 2.21　"自定义编号列表"对话框

编号的初始值也可以重新设置，右键单击选择"重新开始编号"命令，则编号从头开始。若右键单击选择"继续编号"，则后续编号自动延续变大。

项目符号的设置与项目编号的设置类似，如图 2.22 所示。

图 2.22　"项目符号"下拉列表

【知识拓展】

1．首字下沉和分栏

（1）设置首字下沉。

在报刊中经常看到　"首字下沉"排版效果，能让段落的首字放大或者更换字体。WPS 文字"首字下沉"效果的具体操作步骤如下。

步骤 1　将插入点移到要设置首字下沉的段落中，如正文第一段。

步骤 2　在"插入"选项卡单击"首字下沉"按钮 A，打开图 2.23 所示的"首字下沉"对话框。

图 2.23　"首字下沉"对话框

步骤3　在"位置"选项组中选择首字下沉的方式，如选择"下沉"。

步骤4　在"字体"下拉列表框中选择首字的字体，如选择"华文楷体"。

步骤5　在"下沉行数"文本框中设置首字所占的行数为"2"。

步骤6　在"距正文"文本框中设置首字与正文之间的距离为"1毫米"。

步骤7　单击"确定"按钮，完成设置，效果如图 2.24 所示。

杉德 是一家服务于中国金融支付领域的集团公司。自成立以来，始终致力于为发卡机构、特约商户和持卡人提供全方位的金融支付解决方案和安全、高效、优质的金融专业化服务。总部位于上海，由杉德金卡、杉德银卡通、杉德巍康、斯玛特公司、杉德电子商务和杉德网络支付等公司组成，总资产超过 10 亿元人民币。

图 2.24　"首字下沉"效果图

若要取消"首字下沉"，则将插入点移到该段中，打开"首字下沉"对话框，选择"无"选项，单击"确定"按钮，即可取消首字下沉。

（2）设置分栏。

对部分文档进行分栏排版，不仅易于阅读，还能有效利用纸张的空白区域。WPS 文字可以很方便地对页面文本进行分栏设置。设置分栏步骤如下。

步骤1　选定对象。若将整个文档设置成多栏版式，插入点可定位在整篇文档的任意位置；若只将文档的一部分设置成多栏版式，先选定相应的文本。选定文章"岗位职责……"段。

步骤2　在"页面布局"选项卡上的"页面设置"组中，选择"分栏"下拉列表中的分栏数。

步骤3　若需要设置更多参数，选择"分栏"下拉列表中的"更多分栏"，打开图 2.25 所示的"分栏"对话框。

图 2.25　"分栏"对话框

步骤4 在"预设"选项组中单击要使用的分栏格式，如单击"三栏"。

步骤5 在"应用于"下拉列表框中指定分栏格式应用的范围为"整篇文档"、"插入点之后""所选节"等。

步骤6 如果要在栏间设置分隔线，勾选"分隔线"复选框。

步骤7 在"宽度和间距"面板的微调框中输入相应的数字来控制栏间距和宽度，也可直接勾选"栏宽相等"复选框。

步骤8 单击"确定"按钮，结果如图2.26所示。

图2.26 "分栏"效果图

2. 页面的整体设置

（1）页面设置。

利用"页面布局"选项，可以全面、精确地设置页边距、纸张大小等操作。

① 设置页边距。在"页面布局"选项卡上的"页面设置"组中，单击"页边距"，打开图2.27所示的"页面设置"对话框中的"页边距"选项卡，设置上边距和下边距为3.5厘米，左边距和右边距为3.17厘米，方向为"纵向"。

"页边距"的单位有磅、英寸、厘米、毫米，而一般默认值为"毫米"，操作时请注意单位的选择。

图2.27 "页边距"选项卡

② 设置"纸张"大小。在"页面布局"选项卡的"页面设置"组中，单击"纸张大小"下拉列表中的"其他页面大小"，打开图2.28所示的"页面设置"对话框的"纸张"选项卡。在"纸张大小"下拉列表框中选择要使用的纸张大小。此例将纸型设置为"A4"。常用的设置有A4、A3、16开等，若要使用一些特殊规格的纸张，可选择"自定义大小"，在"宽度"和"高度"框中输入具体的数值。单击"确定"按钮完成设置。

图 2.28　"页面设置"对话框中的"纸张"选项卡

 小提示　在标尺栏任意位置双击，可快速调出"页面设置"对话框。

（2）页眉设置。

页眉是显示在页面顶部正文边框以外的文字内容，在书籍、手册及一些较长的文档中较为常用，主要标示页面内容所属的章节信息等。如果要创建每页都相同的页眉，可按如下步骤进行操作。

① 直接双击页眉编辑区，或在"插入"选项卡上的"页眉和页脚"组中，单击"页眉和页脚"按钮 ，进入"页眉和页脚"编辑区，此时"页眉和页脚"工具栏相应显示。

② 在页眉区中输入页眉的文字或者插入图形，并且可以像处理正文一样利用命令、控件按钮等方法进行格式设置。如输入"※杉德集团银卡通湖南分公司※"，文字设为宋体、小五号，对齐方式为居中。若要插入页码、日期等内容，单击"页眉和页脚"选项卡上的"插入"组中的控件。

③ 单击"导航"组中的"关闭"按钮 ，返回到正文编辑状态。

（3）页面边框设置。

在编辑 WPS 文档的时候，常常需要在页面周围添加边框，从而使文档更符合版式要求。

① 在"页面布局"选项卡上的"页面边框"组中，单击"页面边框"按钮 ，打开图2.29 所示的"边框和底纹"对话框中的"页面边框"选项卡。

图 2.29　"页面边框"选项卡

② 为整篇文档添加页面边框：方框，线型单实线，颜色自动，宽度 0.5 磅。单击"确定"按钮完成设置。

3．查找和替换文本

在编辑排版文档时，用户免不了需要批量修改一些词语或其他特定的对象。这就需要用到 WPS Office 2013 强大的查找和替换功能了。

查找和替换文本通常利用"查找和替换"对话框实现，具体方法如下。

方法 1 单击"开始"选项卡，在"查找替换 🔍 ▾"组件下拉选项中，选择"查找""替换"或"定位"命令，都可打开图 2.30 所示的"查找和替换"对话框。在"查找内容"输入框中输入要查找的内容，单击"查找下一处"按钮，即可找到搜索内容的位置。

图 2.30　"查找和替换"对话框

方法 2 利用【Ctrl + F】或【Ctrl + H】组合键。

方法 3 利用右下角 中的"选择浏览对象"，选择"查找　　　"项。

例如：需将"招聘启事"文件中所有的"杉德"替换成"杉德集团"，并将所有"杉德集团"都设置为红色、倾斜加着重号的格式。按前述方法，打开图 2.30 所示的"查找和替换"对话框，选择"替换"选项卡。单击"全部替换"按钮，则完成替换。若单击"查找下一处"按钮，就自动在文档中找到下一处使用这个词的地方，这时单击"替换"按钮，会把选中的词替换掉并自动选中下一处。此例选择图 2.30 中的"格式"下拉列表，选择"字体"项，弹出图 2.31 所示的"替换字体"对话框，选择"字体颜色"为红色，字形为"倾斜"，"着重号"为"."，确定后返回。

在图 2.32 所示的对话框中，可见"替换为"的格式发生了变化，此时单击"全部替换"按钮，则完成替换，所有的"杉德"替换成"杉德集团"，且所有"杉德集团"都被同时设置为红色、倾斜加着重号的格式。

图 2.31　"替换字体"对话框

图 2.32　替换的同时更改格式

【技能提升】

1．双行合一

在政府部门的日常工作中，经常会遇到多个部门联合发文的情况，往往希望制作联合发文的红头文件。在以前的版本中，通过使用表格进行定位和排版来制作红头。"双行合一"功能增加了一个选择，可便于制作此类红头，以第1章项目1"联合发文"为例，具体操作步骤如下。

步骤1　选定"教育部职业教育司""教育部成人教育司"两家单位名称。

步骤2　在"开始"选项卡上的"段落"组中，选择"中文版式 A"下拉列表中的"双行合一"项，打开图2.33所示的"双行合一"对话框。需要"双行合一"的内容也可此时输入。

图2.33　"双行合一"对话框

步骤3　单击"确定"按钮，即可得到图2.34所示的结果。

教育部职业教育司
教育部成人教育司 文件

图2.34　"双行合一"效果

步骤4　调整字体。设置成双行显示效果的文字，字号将自动缩小，以适应当前行文字的大小。用户可以在"字体"组中设置相应字体、字号、字间距及颜色等，达到理想效果。

2．利用表格布局

在文档版式设置中，除了分栏，也常采用表格来达到布局效果。排版时采用表格的好处是可以方便地对齐文字，在很多网页制作中也都是采用这种编辑思想，即采用表格搭建页面的框架，然后将各项内容输入到表格的每个单元格中。具体操作方法如下。

步骤1　输入有关文字内容后，单击 "插入 | 表格 | 插入表格"命令，弹出图2.35所示对的话框。

步骤2　在弹出的对话框中设置表格为2列2行，单击"确定"按钮，则光标所在位置产生了一个2列2行的表格。将文字内容按图2.36所示拖到对应4个单元格内。

图2.35　"插入表格"对话框

图2.36　利用表格布局

步骤 3 因为只利用表格排版，无需外部框线，因此选中整表，右键单击选择"边框和底纹…"命令，在"边框和底纹"对话框中单击"边框"选项卡，选择"无"，如图 2.37 所示，单击"确定"按钮回到主文档。此时，文档内容按表格所框定的位置正确摆放了。

图 2.37 去除表格边框

3．带圈字符

在 WPS 文字中，可以轻松地为字符添加圈号，制作出各种各样的带圈字符,如"WPS®""①"等。制作带圈字符的具体操作步骤如下。

步骤 1 选定要添加圈号的字符。如在文档中输入"WPS"，然后插入商标符号，即先输入大写字母"R"，然后将"R"选中。

如果是汉字、全角的符号、数字或字母，只能选择一个字符。

如果是半角的符号、数字或字母，最多可选择两个，多选的将自动被舍弃。

步骤 2 在"开始"选项卡上的"字体"组中，单击 下拉列表中的"带圈字符"，打开"带圈字符"对话框，如图 2.38 所示。

图 2.38 "带圈字符"的输入

步骤 3 选择"缩小文字"样式之后，单击"确定"按钮，即可为字符设置带圈样式。

步骤 4 选定制作好的商标符号"®"，在"开始"选项卡上的"字体"组中，单击"上标 x²"按钮，则完成商标符号设置。

项目 2 制作商品销售凭证

【项目描述】

随着电子商务的兴起，BHG（北京）百货公司准备扩大业务范围，开辟网上购物通道。为此，需要制作电子商品销售凭证，作为客户购买凭据。大致要求：电子销售凭证，能快速计算商品的小计和总金额，能打印，便于归档和记账；表格美观，表头添加醒目的底纹，总金额需用大写人民币格式。

电商部小蒋决定用所学 WPS 文字提供的强大的表格制作功能来完成任务。经过分析和摸索，小蒋按照店长的要求出色地完成了商品销售凭证的制作。效果如图 2.39 所示。

BHG（北京）百货公司销售凭证

项目\编码	品名规格	单位	数量	单价（元）	金额（元）		
W01	B-1043406	件	50	380	19000		
T32	S525737-60	双	100	699	69900		
B15	T17-131250	台	1000	2999	2999000		
				小计（小写）	￥3,087,900.00		
合计金额（大写）			叁佰零捌万柒仟玖佰元整				
付款方式	□现金：				营业员	收银员	备注
	□信用卡：（卡号： ）						
	□礼　券：（金额： ）						
	□其　他：（金额： ）						

商铺名称：　　　　　　　　　　　年　月　日

图 2.39 "商品销售凭证"效果图

【技术分析】

表格制作的一般步骤为插入表格、修改表格结构、编辑表格内容、设置表格格式，有时也将其中的第 2 步和第 3 步穿插进行。本项目属于一个比较完整的案例，还涉及了表格数据计算及分析，属于 WPS 表格处理中较高级的应用。值得注意的是，如果遇到大量而复杂的表格数据计算及分析，应使用 WPS 电子表格软件，此软件的使用将在第 3 章详细介绍。

通过对本项目进行需求分析，此实践主要涉及的操作如下。

● 利用"插入"选项卡中的"表格"下拉菜单、"插入表格"对话框或手动绘制，均能绘制表格。

● 利用"表格工具"选项卡，可以"新增行和列""合并、拆分单元格"、设置表格"对齐方式"。

● 利用"表格样式"选项卡，可以定义"表格样式"、设置"边框底纹"、"绘制斜线表头"。

● 通过"表格工具"选项卡，还能对数据进行计算。

本表格相对较复杂，可先分开制作两个简单表，再合并成一张总表。

【项目实施】

1．创建商品销售凭证表

创建表格前，最好先在纸上绘制出表格的草图，量好打印纸张的长、宽、高、边距等，规划好行列数及表格的大致结构，再在 WPS 文字中创建。

（1）新建标准表格。

建表之前，先对页面进行设置，便于在将打印的特殊大小的纸张上排版；另外，创建不规则的表格之前，都应新建只包括行和列的规则表格雏形，再对其进行修改。具体步骤如下。

步骤1 页面设置。新建一个空白 WPS 文字文件，单击"页面布局"选项下的"页边距"按钮，在弹出的"页面设置"对话框中，如下设置后单击"确定"按钮。

● 页边距：上 15 毫米，下 10 毫米，左 3 毫米，右 5 毫米。

● 方向：横向。

● 纸张：纸张大小为自定义大小，宽度为 145 毫米，高度为 30 毫米。

步骤2 输入文字内容。输入标题行文字"BHG（北京）百货公司销售凭证"及第二行内容后，回车。

步骤3 新建表格。在 WPS 文字中创建表格有多种方法，可以通过鼠标拖动示意表格绘制表格，也可以通过控件命令创建定制表格。此例先制作表格的上半部分。

方法1 单击选项卡"插入 | 表格"按钮 ，用鼠标在示意表格中拖出一个 7 行 6 列的表格，释放鼠标。如图 2.40 所示。

方法2 单击选项卡"插入 | 表格 | 插入表格"命令，在图 2.41 所示的对话框中设置"列数 6，行数 7"，单击"确定"按钮。

图 2.40　用示意表格插入表格　　图 2.41　"插入表格"对话框

（2）输入数据内容。

在新建的 7 行×6 列的表格中，输入图 2.42 所示的内容。输入文字时，按一次键盘上的 Tab 键可使插入点向右移一个单元格，按【Shift+Tab】组合键使插入点向左移一单元格。这样实现全键盘操作，可避免鼠标和键盘交替操作的不便。

	品名规格	单位	数量	单价（元）	金额（元）
W01	1043406	件	50	380	
T32	525737-06	双	100	699	
B15	17-131250	台	1000	2999	
				小计（小写）	

图 2.42　表格数据输入

2．编辑表格

在制表过程中，经常需要增减一些行或列，设置表格的行高和列宽或将单元格进行合并、拆分的操作，以符合整个表格的要求。

（1）表格对象的选取。

选定整表：单击左上角"控点" 表示选定整表，也可拖曳此控点实现移动表格。将光标置于表格任意单元格内，按【Ctrl+A】快捷键，也可选定整表。

选定单元格：将光标移到单元格的左边框内，使光标变成向右实心箭头 ↗ 图标，并单击。

选定一行：将光标移到表格的左侧选定区，使光标变成向右箭头 ⤢ 图标，并单击。

选定单列：将光标移到该列顶端，当鼠标指针变成一个黑色的向下箭头 ↓ 图标时单击，即可选定该列。

（2）增/删表格行和列。

WPS 可通过单击或拖曳表格追加按钮快速实现。表格下方" ━━ "按钮表示添加行，右侧"ᛁ"表示添加列。当然，常用增删行和列都可通过右键菜单实现。将光标置于需要插入行、列或单元格的位置（如果需要插入多行、多列，则选取相同数量的行或列），单击右键，在弹出的快捷菜单中相应选择"插入"行或列在什么位置，或选择"删除行"。

在图 2.42 中，单击下方" ━━ "按钮追加一行，选中"小计"上方一行，右键单击选择"删除行"命令，将其删除。

> 🔒 **小提示**　在最后一行后追加空行，还可将光标放在表格最后一个单元格，按 Tab 键；或移到表格最后一行外的光标处，按回车键。

（3）设置表格的属性。

单击左上角" ✣控点"选定整表，右键单击，在快捷菜单中选择"表格属性"命令，在图 2.43 所示的"表格属性"对话框中，设置"尺寸"选项为"116.6 毫米"，"对齐方式"为"居中"。在"行"和"列"选项卡内，设置"行高"为"0.4 毫米"，"列宽"为"20 毫米"。

图 2.43　"表格属性"对话框

常规调整表格宽高，可直接利用鼠标拖曳来完成。如此例中，拖曳表格的右下角出现缩放柄，整表自动缩放。选中表格第二根横线，当光标变为时，按住鼠标左键上下移动可调整行高，将表头部分拖宽至合适大小。选中表格第二根竖线，当光标变为时，按 Ctrl 键+拖曳鼠标左键左右移动可调整列宽，此时表格整体宽度不受影响，将第一列宽度调整至合适大小（用户可试验按 Shift 键+拖曳鼠标左键看效果）。其余列同样调整。

（4）修改表格结构。

通过前三个步骤制作出的表格是一个简单的规范表格，根据需要对表格进行相应的结构调整，即把几个小单元格合并成一个大单元格。选择需合并的单元格，单击鼠标右键，在弹出的快捷菜单中选择"合并单元格"命令按钮 合并单元格(M) ，即可完成单元格的合并。表格的其他部分亦可使用同样的方法完成相应单元格的合并。"拆分单元格"的做法类似。

（5）制作表的下半部分。

同前（4）步骤，插入一个 4 行 5 列的表格，选中最后 3 列，利用 Shift 键+拖曳，使得后3 列均等变化。利用合并单元格变成所需的表格样式。

输入表格内容。对于特殊符号"□"，可选择"插入|字符"命令，在"字符"选项卡的"子集"下拉列表框中选择"几何图形符"，找到空心方框符"□"双击。依次输入余下内容。如图 2.44 所示。

付款方式	□现金：			营业员	收银员	备注
	□信用卡：（卡号：　　　　　　　　　）					
	□礼　券：（金额：　　　　　　　　　）					
	□其　他：（金额：　　　　　　　　　）					

图 2.44　表格下半部分样图

（6）合并表格。

将两张表格中间的段落标记用 Delete 键删除，此时两张表合并成一张，但此时表格的宽度等可能不匹配，选择表的下部分，利用 Ctrl 键+拖曳最左侧的边线使左侧对齐，然后选择表的上部分右侧边界线拖曳，与后表的下部分对齐。此时两张简单表合并成了一张复杂表。

3．表格的美化

刚建好的表，一般比较简单，可为表格设置边框和填充背景颜色，制作漂亮而具有个性化的表格。

（1）设置表格边框。

选定整表，单击右键，在弹出的快捷菜单中选择"边框和底纹"命令，在"边框"选项卡中，"设置"选择"自定义"，"线型"选择"细双线"，"颜色"选择"自动"，"宽度"选择"0.5 磅"，分别在"预览"栏单击应用外边框 4 条线，同样的方法，选择"实线、自动、0.5磅"，在"预览"栏单击正中间的十字架，中间十字架对应此表格内部所有框线。操作设置如图 2.45 所示。

图 2.45 边框的设置

利用"边框和底纹"对话框，也可为表头添加双线效果，只需将预览栏下方的线设置为"细双线、自动、0.25 磅"，注意此时"应用于"是"单元格"，此时预览栏里实际对应的是选定的一行，单击更改最下方那根线。"斜线"表头的设置也可在此进行，此时如图 2.46 所示，单击 ◣ 按钮。

选择第一行表头，单击"表格样式"工具栏，在图 2.47 所示的各项中，设置"细双线、自动、0.25 磅"，在"边框"下拉列表中选择" ⊞ 下框线(B)"。

图 2.46 斜线表头绘制

图 2.47 边框和底纹工具按钮

"斜线表头"的输入方法为，光标放到第一个单元格（即画了斜线的单元格），利用空格移动光标，输入"项目"，按 Enter 键，此时光标移到了斜线下方。输入"编码"。

（2）设置表格底纹。

选定第一行表头及"付款方式"，单击右键，在弹出的快捷菜单中选择"边框和底纹"命令，在弹出的"边框和底纹"对话框的"底纹"选项卡中，"填充"选择"灰色-25%"，"图案"的"样式"选择"5%"，"图案"的"颜色"选择"白色"，操作设置如图 2.48 所示。

图 2.48 底纹设置

（3）设置单元格对齐方式。

单元格内默认的对齐方式是"靠上左对齐 □"，不太符合日常习惯。选定除斜线表头外的所有单元格，单击鼠标右键，在弹出的快捷菜单中选择"单元格对齐方式"，在 9 种对齐方式中选择正中间"水平居中 □"按钮，如图 2.49 所示，使选定单元格水平方向、垂直方向都居中。

选定"金额"列空白单元格，单击"表格工具"工具栏，在图 2.50 所示的"对齐方式"下拉列表中，选择"□ 中部右对齐"项。

图 2.49 "单元格对齐方式"设置　　图 2.50 "对齐方式"工具按钮

（4）设置文字方向。

除了可以设置表格中文本的对齐方式外，还可以灵活设置文字的方向，例如"付款方式"，内容需要竖排起来。

此时可以选中"付款方式"单元格单击右键，在弹出的快捷菜单中选择"文字方向"命令，此时会弹出"文字方向"对话框，选择竖排文字的样式确定。如图 2.51 所示。

图 2.51 "文字方向"对话框

（5）设置文字格式。

选定标题文字"BHG（北京）百货公司销售凭证"，在"开始"选项卡的"字体"组中，将字体设置为"黑体"，"字号"设置为"小三"。最后一行"合计金额（大写）"字体设置为"华文细黑"，其余表格项"字号"设置为"小五"。表格下方"地址"行，"字号"设置为"8磅"。至此，商品销售凭证表格的绘制和美化工作结束，效果如图 2.52 所示。

BHG(北京)百货公司销售凭证

商铺名称：　　　　　　　　　　年　　月　　日

项目编码	品名规格	单位	数量	单价（元）	金额（元）		
W01	1043406	件	50	380			
T32	525737-60	双	100	699			
B15	17-131250	台	1000	2999			
				小计（小写）			
合计金额（大写）							
付款方式	□现金：			营业员	收银员	备注	
	□信用卡：（卡号： ）						
	□礼　券：（金额： ）						
	□其　他：（金额： ）						

图 2.52 表格基本完成后的样图

4．表格的计算

货物售出后，客户需要提供销售凭证，可利用 WPS 文字提供的简易公式计算，自动填写及合计金额。

（1）计算单件商品的金额。

将插入点定位于"金额（元）"下方单元格内，单击"表格工具"选项卡下的"公式 *fx* 公式"按钮，打开"公式"对话框，如图 2.53 所示，在"粘贴函数"中选择"PRODUCT()"函数，在"表格范围"中选择"LEFT"，公式"=PRODUCT(LEFT)"表示将左边的数值进行"乘积"操作，单击"确定"完成计算。

图 2.53　乘法公式的输入

　　第一个单元格计算完成后，WPS 自动记住了上一次输入的公式，接下来几个单元格的计算，只需单击"公式 *fx* 公式"按钮，再"确定"即可，简化了操作步骤。

　　（2）计算小计。

　　将插入点定位于"小计（小写）"右边单元格内，同上单击"公式 *fx* 公式"按钮，在"公式"对话框中，按图 2.54 所示设置。在"粘贴函数"中选择"SUM()"函数，在"表格范围"中选择"ABOVE"，"数字格式"中选择"￥#,##0.00;(￥#,##0.00)"。公式"=SUM(ABOVE)"表示将上边的数值进行"求和"操作，单击"确定"按钮，计算出小计值。若无须人民币格式，还可以选中包括结果栏在内的 5 个单元格，单击"表格工具"选项卡下的"快速计算　快速计算 ·"下拉列表，如图 2.54 所示，选择"求和"命令。简单的行列数据的求和、平均值、最大值、最小值的运算，都可以使用"快速计算"功能实现。

图 2.54　求和运算公式的输入

　　（3）"人民币大写"格式计算合计金额。

　　将插入点定位于"合计金额（大写）"右边单元格内，同上单击"公式 *fx* 公式"按钮，在图 2.54 所示的"公式"对话框中，"粘贴函数"选择"SUM()"函数，"表格范围"选择"ABOVE"，"数字格式"选择"人民币大写"，则合计以大写人民币的格式呈现，如图 2.55 所示。

			小计（小写）	￥3,087,900.00
合计金额（大写）			叁佰零捌万柒仟玖佰元整	

图 2.55　特殊格式的输出效果

　　至此，整个"商品销售凭证"计算表制作完毕，将其保存为"销售凭证表格.doc"。

【知识拓展】

1．表格和文本互换

WPS 文字允许将有规律的文本内容转换为表格，同样，WPS 文字也允许将表格转换成排列整齐的文档。

（1）文本转表格。

选定要转换的文本，如图 2.56 所示的内容，单击"插入"选项卡下的"表格"按钮，在下拉列表中选择"文本转换成表格"命令。

图 2.56　文本内容、转换成表格命令

文字转换成表格的效果如图 2.57 所示。

若　要……	单　击……	然后在以下位置查找……
打开、保存、打印、预览、保护、发送以及转换文件或连接到某些位置以将文档保存到云中	WPS 文字菜单	文件
更改行距，对文本应用格式和样式	开始	"字体""段落"和"样式"组
插入空白页、表格、图片、超链接、页眉和页脚或者页码或者添加水印	插入	"页""表格""插图""链接"和"页眉和页脚"组
快速改变文档外观，改变页面背景颜色，向页面添加边框	页面布局	"文档格式"和"页面背景"组
设置页边距，添加分页符，创建新闻稿样式栏，更改段落间距或横向旋转页面	页面布局	"页面设置"组
创建目录，或插入脚注和尾注	引用	"目录"和"脚注"组
创建信封或标签，或者合并邮件	引用	"创建"和"开始邮件合并"组
检查拼写和语法，统计字数，以及修订	审阅	"校对"和"修订"组
在文档视图之间切换，打开导航窗格，或者显示标尺	视图	"视图""显示"和"窗口"组

图 2.57　文字转表格效果

（2）表格转文本。

表格转换成文本的方式为，选定表格，单击"表格工具"工具栏下的"转换成文本"按钮，在图 2.58 所示的对话框中选择分隔符后单击"确定"按钮。

若要……	单击……	然后在以下位置查找……
打开、保存、打印、预览、保护、发送以及转换文件或连接到某些位置以将文档保存到云中。	WPS文字菜单	文件
更改行距，对文本应用格式和样式	开始	"字体""段落"和"样式"组
插入空白页、表格、图片、超链接、页眉和页脚或者页码或者添加水印	插入	"页""表格""插图""链接"和"页眉"组
快速改变文档外观，改变页面背景颜色，向页面添加边框	页…	…背
设置页边距，添加分页符，创建新闻稿样式栏，更改段落间距或横向旋转页面	页…	
创建目录，或插入脚注和尾注	引…	
创建信封或标签，或者合并邮件	引…	…合
检查拼写和语法，统计字数，以及修订	审…	
在文档视图之间切换，打开导航窗格，或者显示标尺	视…	口"组

表格转换成文本

文字分隔符
- ○ 段落标记(P)
- ● 制表符(T)
- ○ 逗号(M)
- ○ 其他字符(O): -

☑ 转换嵌套表格(C)

确定　　取消

图 2.58　"表格转换成文本"对话框

2．表格的快速样式

表格的快速样式是指对表格的字体、颜色、边框、底纹等套用 WPS 文字预设的样式。无论是新建的空表，还是已经输入数据的表格，均可以应用快速样式来设置表格的格式。

例如，将图 2.58 所示的表格快速设置一种样式，方法为：将插入点置于表格任意单元格中，切换到"表格样式"工具选项，在样式组中选择"主题样式 1–强调 1▨▨▨"，则自动生成图 2.59 所示的样式表格。

若要……	单击……	然后在以下位置查找……
打开、保存、打印、预览、保护、发送以及转换文件或连接到某些位置以将文档保存到云中	WPS 文字菜单	文件
更改行距，对文本应用格式和样式	开始	"字体""段落"和"样式"组
插入空白页、表格、图片、超链接、页眉和页脚或者页码或者添加水印	插入	"页""表格""插图""链接"和"页眉和页脚"组
快速改变文档外观，改变页面背景颜色，向页面添加边框	页面布局	"文档格式"和"页面背景"组
设置页边距，添加分页符，创建新闻稿样式栏，更改段落间距或横向旋转页面	页面布局	"页面设置"组
创建目录，或插入脚注和尾注	引用	"目录"和"脚注"组
创建信封或标签，或者合并邮件	引用	"创建"和"开始邮件合并"组
检查拼写和语法，统计字数，以及修订	审阅	"校对"和"修订"组
在文档视图之间切换，打开导航窗格，或者显示标尺	视图	"视图""显示"和"窗口"组

图 2.59　快速设置表格样式效果

3．跨页表格自动重复标题行

有时表格内容比较多，表格过长可能会需要两页甚至多页显示，但从第 2 页开始表格就没有标题行了，此时查看表格数据时就不方便了。解决这种现象，不是利用复制标题，正确方法是将插入点放入标题行任意单元格，在"表格工具"选项卡中选择"标题行重复"按钮标题行重复，则每页首行会自动复制标题行的内容。

4．绘制三线表头

为了使表格各项内容展示得更清晰，有时会使用图 2.60 所示的三线表头。使用 WPS 绘制斜线表头的方法非常简单（相应的 Word 高版本，必须手工一根根绘制，而且不能跟随变化）。

产品名称 数量 月份	电视机	洗衣机	电冰箱
1 月	68	78	88
2 月	45	89	90
3 月	35	78	67

图 2.60　三线表头样图

具体绘制步骤如下。

步骤 1　选择第一个单元格，在"表格样式"选项卡中单击"绘制斜线表头"按钮 绘制斜线表头 。

步骤 2　在图 2.61 所示的"斜线单元格类型"对话框中选择第 4 种样式（一共 9 种斜线表头样式可供用户选择）。

步骤 3　利用空格键和回车键移动光标，输入对应文字内容。

用这种方式绘制的三线表头，当用户调整行高和列宽时，斜线会跟随移动，非常方便。

图 2.61　"斜线单元格类型"对话框

【技能提升】

1．对表格中的单元格进行编号

类似于图 2.60 所示的"1 月，2 月，3 月……"，在实际应用中每行的开头使用编号较多，WPS 提供了极为简便的方法，自动输入这些内容。此例做法如下。

步骤 1　选取首列需自动编号的单元格。

步骤 2　在"开始"选项卡上的"段落"组中，单击"编号格式 "下的"其他编号"项，在弹出的"项目符号和编号"对话框中选择阿拉伯数字的任意一种编号样式。

步骤 3　单击"自定义..."按钮，在"自定义编号列表"对话框中，根据需要自定义，如图 2.62 所示。

图 2.62　自定义编号样式

步骤 4　"确定"后，新增行的第 1 列内容将自动按月份顺序填充。

2．文档加密

WPS Office 提供了文件加密的功能，用户可以根据自己的需要为文件设置密码，这个密码将在下次打开此文件时要求输入，也可以取消所设置的密码。为当前文件设置密码的操作步骤如下。

步骤 1　在左上角的"应用程序 W WPS 文字 ▾"菜单中，选择"文件 | 文件加密…"命令，打开图 2.63 所示的"选项"对话框。

图 2.63　"文件加密选项"对话框

步骤 2　在"打开文件密码"文本框中输入密码，在"再次键入密码"文本框中再次输入相同密码确认。最后单击"确定"按钮。

为文件设置了密码后，再次打开该文件时将弹出"密码"对话框。只有正确输入密码后才能打开该文件。若只给授权人员修改，则设置"修改文件密码"即可。

用微软（Microsoft Office）设置的文件密码，WPS Office 2013 相应的组件也可打开，只需输入正确的密码即可。

项目 3　制作世界杯宣传小册

【项目描述】

小李是一位狂热的足球迷，而她的好友小张却是完完全全的球盲，时逢四年一度的世界杯，小张被周围世界杯的氛围所感染，也看起了球赛，却完全不得要领，身为好友兼球迷的小李，当然义不容辞，挑起了世界杯知识扫盲重任。为此，小李专门上网收集了世界杯相关的资料和图片，制作出一本世界杯宣传小册，因为是德国队的粉丝，所以，德国队的元素体现较多。缩略效果如图 2.64 所示。

图 2.64　世界杯宣传小册效果图

【技术分析】

单纯的文字介绍太过于枯燥，而宣传海报等媒体形式能给人以极强的视觉冲击，利用不同形式的素材整合突出主题，能给人留下深刻印象。

在本例中，首先要对版面、素材进行规划和分类，然后运用艺术字、文本框、自选图形、表格、分栏、图文混排等对文章进行艺术化排版设计。最终达到版面协调美观、图文并茂、生动活泼、色彩搭配合理、极具个性的效果。

项目设计的重点是能插入艺术字、自选图形、图片等素材，利用文本框进行版面布局，具备图文混排的能力。

【项目实施】

在实际应用中，如果需要进行图文混排，利用前述所学的分栏等手法来进行版面布局是非常死板的，不能达到随心所欲的效果，文本框很好地解决了这个问题。图片、艺术字、自选图形的编辑和组合，则为制作图文并茂的宣传小册子奠定了基础。项目具体操作步骤如下。

1．页面设置

新建一个 WPS 文档，命名为"世界杯宣传小册.doc"，事先规划好宣传小册子的大小，具体方法先用尺子量一下样纸的长和宽。基于正确的页面布局排版，更为直观。此例简化为默认的情形。单击"页面布局"选项卡下"页面设置"组的扩展按钮，在弹出的"页面设置"对话框中，设置纸张大小为"A4"，方向为"纵向"，页边距等均用默认值。

2．艺术字的插入及编辑

艺术字是具有特殊视觉效果的文字，可以作为图形对象参与页面排版。此类修饰常用于演示文稿、海报、广告、宣传册等文档的特殊文字修饰，以丰富版面文字效果。

（1）插入艺术字。

步骤 1　将插入点移到要插入艺术字的位置。在"插入"选项卡中，单击"艺术字"按钮 A，打开图 2.65 所示的"艺术字库"对话框。

图 2.65　"艺术字库"对话框

步骤 2　选择一种艺术字样式，这里选择第 4 排第一种，单击"确定"按钮，打开图 2.66 所示的"编辑'艺术字'文字"对话框。

图 2.66　"编辑'艺术字'文字"对话框

步骤3 在"文字"文本框中输入艺术字的内容"放飞希望　宴享足球",利用对话框中的工具栏设置字体、字号、加粗和倾斜。设置完毕后,单击"确定"按钮,效果如图 2.67 所示。

放飞希望　宴享足球

图 2.67　插入艺术字效果

步骤4 用同样的方法,将文字"世界杯　足球赛"设置为图 2.65 所示的艺术字库里第 2 排第 2 种样式,"2014"设置为图 2.65 所示的艺术字库里第 3 排最后一种样式。其余艺术字插入方法同上。

(2)艺术字的编辑。

单击新添加的艺术字,调出"艺术字"选项卡,可设置多种艺术字外观、对齐方式或自定义调整字间距等,由于艺术字也是对象,还可以在选项卡中选择艺术字形状、填充、线条颜色等,来改变文字效果。

单击艺术字"世界杯　足球赛",此时对应的"艺术字"工具选项及"效果设置"被激活。选择"艺术字"选项,在"艺术字形状"下拉列表中,选择"正 V 形",如图 2.68 所示,此艺术字变化效果如图 2.69 所示。

图 2.68　"艺术字形状"选项

艺术字原始形状

图 2.69　设置艺术字为正 V 形状

如图 2.69 所示，艺术字在选定后，四周会出现 8 个空心点，称为控制点，通过拖曳可以调整大小，黄色的菱形框用来继续调整曲度，圆圈则是用来旋转对象的。将此艺术字调成如效果图所示的合适大小及形状。

用同样的方法，将艺术字"2014"的形状设置为"八边形"，也可相应调整大小及旋转方向。文中其余艺术字同上方法进行设置。

3．图片的插入及编辑

单纯的文字往往比较抽象，因此图片是文档编辑中常用的辅助方式，WPS 不但擅长处理普通文本，还擅长编辑带有图形对象的文档，即图文混排，这样可以使文档更加生动形象。WPS 文字提供了内容丰富的素材库，其中包含了大量的图片，用户可以根据需要将其插入到文档中，如果有更高要求，还可以插入来自外部的图片。

（1）插入图片。

如果要在文档中插入其他图片文件，可以按照下述步骤进行操作。

步骤 1　将插入点移到需要插入图片的位置。在"插入"选项卡中，单击"图片"　 下拉列表，选择"来自文件"选项。

步骤 2　在"查找范围"列表框中选择图片所在的文件夹，然后在下面的列表框中选定要插入的图片文件。此例选择配套的素材"brazuca（桑巴荣耀）.jpg"文件，单击"打开"按钮，可将选定的图片文件插入到文档中。

 小提示　除了用上述方法在文档中插入图片外，用户还可以直接打开图片所在的文件夹，选中图片后拖动至适当的位置即可，避免了在文件夹中繁琐的查找。

（2）图片的裁剪。

选定插入的图片后，会调出"图片工具"选项卡，用户可利用图 2.70 所示的"图片工具"选项卡中的各项操作对插入的图片进行调整或修改，以便用户解决在处理图片过程中的问题。

图 2.70　"图片工具"选项卡

此例中，插入的足球图片周围空白太多，需要裁剪出较贴合的图形。裁剪的操作步骤如下。

步骤 1　单击桑巴足球图片，此时对应的"图片工具"选项卡被激活。单击"裁剪"按钮 　，使其四周出现图 2.71 所示的 8 个控制柄。

图 2.71　裁剪控制柄

步骤2 若要横向或纵向裁剪图片，则将鼠标指针指向图片四边的任意一个控制柄上。若要沿对角线方向裁剪图片，则将鼠标指针指向图片四角的任意一个控制柄上，鼠标指针将根据手柄的位置变成不同方向的双向箭头。

步骤3 按住鼠标左键，沿缩放方向拖动鼠标，当虚线框达到需要的大小时，释放鼠标左键。

4．形状的插入

WPS Office 组件中，用户可以利用"插入"选项卡下的"形状" 下拉列表，直接绘制一组现成的形状，包括矩形、圆等基本形状，以及各种线条和连接符、箭头总汇、流程图符号、星与旗帜和标注等，并对其进行排列和效果的设置，如图 2.72 所示。

图 2.72 "形状"下拉列表

在本项目中，以绘制五星形状为例（五星巴西，四星德国），并做相应细节处理。

（1）插入形状。

如果要在文档中插入形状，可以按照下述步骤进行操作。

步骤1 单击"插入"选项卡下的"形状" 下拉列表，在图 2.72 所示的选项中，选择"五角星"选项。

步骤2 将插入点移到需要插入形状的位置，此时光标为一个十字架，按动鼠标左键并拖动到结束位置，释放鼠标左键，即可绘制出基本图形。若需绘制出正方、圆、正五角星等，则按住 Shift 键并拖动。绘制后的效果如图 2.73 所示。

图 2.73　绘制五角星

（2）自选图形的填充。

对于绘制好的自选图形，可以同艺术字、图片等一样进行改变大小、填充等设置，方法如前。

填充可以使图形产生特殊的效果。具体操作步骤如下。

步骤 1　选择上例绘制的"五角星"形状，此时"绘图工具"选项中的"设置对象"按钮组被激活，如图 2.74 所示。

图 2.74　"设置对象"按钮组

步骤 2　在"填充"中选择"图片"项，在"图片"选项卡中单击"选择图片…"按钮，此时再把素材中的图片"德国宣传.jpg"插入进来。过程如图 2.75 所示。

图 2.75　依据形状填充图片

步骤 3　此时图片就依据"五角星"的形状变化了。如图 2.76 所示，在"轮廓"下拉列表中选择"无线条颜色"或其他图案线型。拖动五角星周围的 8 个空心方块控制柄，可以改变整个形状的大小，选中上边橙色的圆圈，可按顺、逆时针方向旋转，调整至与整体谐调的形状。

图 2.76　形状的调整

5．设置对象的环绕方式

为了增强文档的表达力，WPS 文字提供了多种图形、图片以及可嵌入到文档中的元素等对象类型以供使用。其中，图形对象包括自选图形、文本框、艺术字、图表；图片对象指可插入文档的所有 WPS 文字支持的图片类型；可嵌入到文档中的元素包括嵌入式对象、多媒体对象。

在文档中，对象与文字的关系主要体现在对象与文字的叠放次序上。

对象与文字的叠放方式总共有两种，一种是浮于文字上方，另一种是衬于文字下方。默认情况下，对象被引入到文档中后都是以"嵌入型"的方式存放的，此时，文字只能显示在对象的上方和下方，对象和正文不能混排。如果需要设置对象和文字叠放，需要先设置对象与文字的环绕方式，具体操作步骤如下。

步骤 1　选中图形对象（如此前所有插入的艺术字及图片），右键单击，在打开的快捷菜单中选择"设置对象格式"项，打开"设置对象格式"对话框。

步骤 2　选择"版式"选项卡，在"环绕方式"选项组中选择"浮于文字上方"。

步骤 3　单击"确定"按钮，完成设置。此时的对象浮于文字上方，可以用鼠标拖曳至任意位置摆放。

小提示　　利用相应工具栏选项中的"环绕"下拉选项，可以快速选择环绕方式，如图 2.77 所示。

图 2.77　设置环绕方式

6．编辑图形对象

对于设置好的各种对象，可以调整大小或移动位置等，使其更符合自己的要求。

（1）选定图形对象。

在对图形对象进行编辑之前，首先要选定该对象，选定的方法如下。

● 如果要选定一个对象，则用鼠标单击该对象，此时，对象周边出现控制句柄。

● 如果要选定多个对象，则按住 Shift 键，然后用鼠标分别单击要选定的图形。

若需取消所选对象，则在文档其他位置单击即可。

（2）移动或复制图形对象。

选定对象之后，将鼠标左键移到图形对象的边框上（不要放在控制句柄上），鼠标指针变为四向箭头形状，按鼠标左键拖动，拖动时出现一个虚框表明该图形对象将要放置的位置，拖至目标位置，释放鼠标左键即可。

拖动时按住 Ctrl 键，则进行复制图形对象的操作。

本例中，把各种对象按最终效果图拖到相应位置，因为都设置了"浮于文字上方"的环绕方式，所以对象可以自如摆放到文档中的任意位置。

其中五角星较多，可以采用"复制"来完成，具体方法如下。

步骤1 利用控制句柄缩放五角星形状（同时按 Shift 键可以保持对称），并且缩放至合适大小。

步骤2 按住 Ctrl 键拖曳复制一颗五星。

步骤3 按住 Shift 键，然后用鼠标分别单击，同时选定多颗五角星，此时，所有选中的图形对象周围都有控制句柄。再按 Ctrl 键拖曳，此时的光标带了一个"+"号，则复制多颗五角星。

步骤4 将五角星根据效果图摆好位置，如果希望同时移动，则同样利用 Shift 键多选，再拖动即可。

7．图形对象的组合

在文字处理中有时需要将多个对象组合起来，比如将文本框、图片、图形等组合起来，构成一个图形对象，以方便操作。例如绘制的流程图，在本例中前边插入的艺术字、图片、形状等对象就都可以组合成一个对象，这个对象将作为一个整体来进行设置，以免误操作或是增加不必要的工作量。以本项目顶部标示为例，具体操作步骤如下。

按下 Shift 键，单击前述摆好位置的各个需组合的对象，此时多个对象被选中，单击右键，在打开的快捷菜单中选择"组合|组合"命令，如图 2.78 所示。

图 2.78　对象的组合

此时这些对象就可作为一个整体进行编辑了，如图 2.79 所示。

图 2.79　对象组合后效果

组合图形对象后，若要取消图形对象的组合，恢复为单个对象，可以首先选择组合的图形对象，然后右键单击，在打开的快捷菜单中选择"组合 | 取消组合"命令即可。

8．使用文本框

文本框是 WPS 提供的一个用于文档修饰和版面编辑的非常有用的工具。灵活使用 WPS 文字的文本框对象，可以将文字和其他图形、图片、表格等对象定位于页面的任意位置，可以方便地进行图文混排。利用"链接"的文本框可以使不同的文本框中的内容自动衔接上，当改变其中一个文本框大小时，其他文本框中的内容也会自动进行调整。

（1）插入文本框。

如果要在文档的任意位置插入文本，可以绘制一个文本框，在文档中可以插入横排文本框和竖排文本框。具体操作步骤如下。

步骤 1　在"插入"选项卡上的"文本框" 下拉列表中，选择 "横向文本框"、"竖向文本框" 或"多行文字" 。

步骤 2　将十字光标移到页面的适当位置（如左上角），按住鼠标左键向右下角拖动，拖动过程中显示一个虚线框表明文本框的大小。

步骤 3　当文本框的大小合适后，释放鼠标左键。此时，就可以在文本框中输入内容了。这里复制素材文件"2014FIFA 世界杯介绍.doc"文件中的文字及图片至文本框中，并设置文字及图片。效果如图 2.80 所示。

图 2.80　在文档中插入文本框

步骤 4 文本框的选定、大小的设置及环绕方式的设置同上述图形对象。

（2）设置文本框的边框。

默认文本框都有黑色的边框线、白色的底纹，如同在页面中打补丁一样显得很突兀。因此，将所有文本框单击右键，在快捷菜单中选择"设置对象格式"命令 设置对象格式(O)... ，在弹出的对话框的"颜色与线条"选项卡中，设置"无填充颜色，无线条颜色"，如图 2.81 所示。此时文本框依旧起作用，但看上去却与背景融为一体了。

图 2.81 设置文本框线条颜色

【知识拓展】

1．在自选图形中添加文字

用户可在自选图形中添加文字，具体操作步骤如下。

步骤 1 选择"插入 | 形状 | 星与旗帜 | 爆炸形 1"命令，拖出一个爆米花的形状，选中此对象，拖出合适大小。

步骤 2 右键单击要添加文字的形状，在弹出的快捷菜单中选择"添加文字"命令，此时插入点出现在图形的内部。

步骤 3 输入所需的文字，并且可以对文字正常排版，结果如图 2.82 所示。

图 2.82 在自选图形中添加文字

2．链接文本框

文本框的链接经常用于报纸、刊物一类编辑中的版式控制。它可以在两个文本框之间建立文字流的关系，即第一个文本框中输入内容填满后，自动流至下一个文本框。反之，第一个文本框中删除了部分内容，则下一个文本框中的内容将回填。

如果要在文本框之间创建链接关系，可以按照下述步骤进行操作。

（1）利用插入文本框功能，在文档中不同位置创建两个文本框。

（2）在第一个文本框中输入内容，并使其超出框的范围。

（3）右键单击第一个文本框，在弹出的快捷菜单中选择"创建文本框链接"命令，鼠标指针变成"杯" 🍺 形。

（4）移动"杯"形光标至空白文本框区，"杯"形光标变成倾斜状 🍺，单击后即可创建链接。第一个文本框中的超范围文字将自动转入下一个文本框中。

（5）单击"绘图工具"选项卡中的"前一文本框 🔲 "或"下一文本框 🔲 "按钮，可以使插入点在两个文本框之间切换。

（6）选择第一个文本框，单击"绘图工具"选项卡中的"断开向前链接" 🔗 ，即可取消文本框链接。

3．文本框中图片的文字绕排

在本项目中，插入的图片都是嵌入式的，只能上下排列，如何使得图片在文本框中也能设置不同的环绕方式呢？WPS 文字可以轻松解决这个难题，具体操作步骤如下。

（1）这时需要先对排在底层的，即之前插入的文本框进行设置。双击该文本框的边框，打开"设置对象格式"对话框，选择"文本框"选项卡，如图 2.83 所示，勾选"允许文字绕排外部对象"复选框，单击"确定"按钮，完成设置。

图 2.83 "文本框"选项卡

（2）双击要插入的图片对象，将"版式"文字环绕方式设置为"四周型"，并设置"环绕文字"位置及"距正文"上下左右的距离，如图 2.84 所示。

图 2.84　文字环绕方式

（3）此时将图片拖入文本框中，文字就可以绕排图片了，效果如图 2.85 所示。

图 2.85　文本框中图片文字环绕效果

【技能提升】

在实际工作中，常常需要编辑大量格式一致、数据字段相同、但内容不同且每条记录需单独成文的文件，如邮件、工资单、批量制作标签等。利用 WPS 文字提供的"邮件合并"功能，可以快速处理这一类特殊的文档，大大提高工作效率。同时，利用该功能还可以批量制作选项卡、工资条、成绩单等。

下面以批量制作大学录取通知书为例，介绍邮件合并功能的具体操作步骤。

1．页面设置

事先规划好录取通知书的大小，具体方法是先用尺量一下样卡的长和宽。基于正确的页面布局排版，更为直观。

创建一个制作录取通知书的 WPS 主文档，单击"文件"选项卡下的"页面设置"命令，在弹出的"页面设置"对话框中，按如下格式要求分别进行设置。

- 纸张：自定义大小，高 160 mm，宽 220 mm。
- 方向：横向。
- 页边距：上 1 mm，下 1 mm，左 1 mm，右 1 mm。
- 应用于：整篇文档。

其余均按默认设置，如图 2.86 所示。

图 2.86　"页面设置"操作过程示例

2．制作内容相同的主文档

主文档可利用前述所学内容插入图片、文本框、艺术字等图文混排效果，使文档更加美观。

（1）输入文本。

根据录取通知书效果图输入文档内容，可以选择素材中的"通知书文本.doc"复制到当前文档中。

（2）设置页面边框。

利用"边框和底纹"对话框中的"页面边框"选项卡，为此录取通知书整个页面添加红色的艺术方框，如图 2.87 所示。

图 2.87　页面边框的设置

3．准备数据源

"邮件合并"时，提取外部数据源的内容。我们事先已经将每位即将被录取的学生的信息，放在一个叫"通知书数据源.xls"的 ET 文件中。

若没有，新建一个，必须包含每位学生的姓名、系别、专业和学费等需提取的信息。内容如图 2.88 所示。

	A	B	C	D
1	姓名	系别	专业	学费
2	江珊	物管	平面设计	3800
3	汪珞	计算机	编程	4500
4	李畅	商贸	文秘	3200
5	王飞	汽车	汽运	6000
6	李明	汽车	汽运	6000
7	王强	汽车	营销	4800

图 2.88　通知书数据源表

4．利用"邮件合并"功能批量生成录取通知书

（1）创建数据链接。

单击"引用"选项卡下的"邮件"按钮 。

单击"打开数据源"选项下的"打开数据源"按钮 　打开数据源(E)，选择创建的 ET 表"通知书数据源.xls"，选择其中存放学生信息的工作表"sheet1$"，然后确定。此时数据源已经被链接上来。

在需要链接"姓名"域的位置单击"插入合并域"按钮 　插入合并域，弹出图 2.89 所示的"插入域"对话框，选择对应的"姓名"域插入，此时文本框内出现«姓名»，实现对数据表中"姓名"列值的引用。

图 2.89　插入合并域

依次将所有需要合并的数据域插入进来，结果如图 2.90 所示。

图 2.90　插入所有域后的效果

将插入的域文字设置为"四号，微软雅黑"。

（2）批量生成与打印。

单击"邮件合并"选项下的"合并到新文档"按钮 🖺 合并到新文档，弹出图 2.91 所示的"合并到新文档"对话框，选择合并"全部"记录后单击"确定"按钮，此时合并的内容会在一个新文档里出现。若选择"合并到不同新文档"，则为每位学生即（每条记录）单独创建一个文件。

图 2.91　"合并到新文档"对话框

此时，只需往打印机中装入相应的纸张，一张张录取通知书就被打印出来了。若要添加更多人员，只需往"员工信息表"内添加相应人员的数据即可，其他地方无须改动。最终效果如图 2.92 所示。

图 2.92　批量生成录取通知书的最终效果图

项目 4　毕业论文的排版与设计

【项目描述】

小袁是某高职院校的一名大三学生，目前在北京某软件公司实习，由于工作原因，对影视方面非常有兴趣，并动手设计了相关系统。经过与指导老师沟通，他以此为题完成了论文内容的书写。接下来，他将用 WPS 2013 对论文进行排版。排版基本格式依据系里公布的毕业论文格式要求。

经过技术分析，小袁按要求完成了排版，并在老师指导下，做了进一步细化，终于提交了一篇合格的论文，效果如图 2.93 所示。

图 2.93　论文最终效果图（局部）

【技术分析】

在日常生活与工作中常常需要创建和编辑包含多个部分的长文档，要很好地组织和维护较长文档就成了一个重要的问题。对于一个含有几万字、甚至几十万、上百万字的文档，如果用普通的编辑方法对某一部分内容做修改和补充将是非常费劲的。如果这个文档是由几个人来共同编辑完成，那将造成更大的混乱。

WPS 提供了一系列编辑较长文档的功能，正确地使用这些功能，组织和维护长文档就会变得得心应手，长文档就会变得非常有条理。

分析格式要求，本项目用到的关键技术如下。

- 通过"页面设置"对话框，进行纸张类型、页边距等的设置。
- 通过"分节符"设置不同节的不同格式。
- 通过"样式"，快速创建及应用各类样式。
- 通过"目录"，为文档自动生成目录。
- 通过"页眉与页脚"选项卡，可对不同章节设计不同的页眉页脚效果。
- 通过"题注"及"交叉引用"，可为图片和表格添加标签，实现交叉引用。参考文献的引用，也可以利用"交叉引用"。

【项目实施】

1．论文页面设置

由于已事先规定了有关页面的一些设置要求，并且整篇文档应用同样的效果，为了便于管理，可首先进行页面设置，直观查看页面中的布局排版是否合理，避免事后修改。插入素材文件中的"毕业论文无格式文本.doc"。

单击"页面布局"选项卡下的"旧有工具"按钮（或双击标尺栏），在弹出的"页面设置"对话框中，按如下格式要求分别进行设置。

纸张：A4 纸（297 mm×210 mm）。

页边距：上 20 mm，下 15 mm，左 25 mm，右 20 mm。

版式：首页不同；页眉页脚距边界 14 mm。

应用于：整篇文档。

其余均按默认设置。

2．定制选项

由于默认时，格式标记只显示"段落标记"，其他诸如"分节符、分页符"等是不可打印字符，默认情况下在"页面视图"中不显示，因而也无法进行编辑，WPS 允许对环境进行个性化的定制。

单击"WPS 文字 | 选项"命令，打开"选项"对话框。在这里可自定义 WPS 设置及首选项，如图 2.94 所示。

图 2.94　WPS 选项设置

此例中，将"视图"下的"格式标记"勾选"全部"，则空格、分页符、分节符等将在页面视图中显示出来，并可进行编辑。利用"开始"选项卡下"段落"组中的"显示/隐藏编辑标记"按钮 设置则更为简便。

3．设置分节符和分页符

（1）设置分节符。

默认状态下，整篇文档相当于一个"节"，此时版式和格式的设置是针对整篇文档的。用户如需改变文档中一个或多个页面的版式或格式，可以使用分节符。分成不同的节后，就能针对不同的节分别进行设置。

此例中，按要求在以下位置插入分节符。

● "封面"无须标注页码和页眉，与"摘要"页之间插入分节符。

● "摘要、英文摘要和目录"无须页眉，但要在"页脚"处设置"大写罗马字符"的页码，在"目录"页与正文之间插入分节符。

因此，文档最后插入 2 个分节符，分成了 3 个节分别进行设置。由于封面和目录还未插入，此时只需在英文摘要和正文之间插入一个分节符。

步骤 1 将插入点定位于插入分节符处，例如"第一章 引言"最前边。

步骤 2 选择"页面布局"或"插入"选项卡下的"分隔符"命令，在图 2.95 所示的"分页符"和"分节符"两种分隔方式中，选择"下一页分节符"命令。此时效果，既将这两页分成不同节，又将它们分成不同页。

图 2.95 添加分节符

小提示

剩下的分节，等封面和目录插入进来后，用同样的方式对它们进行设置。如果要取消分节，只需删除分节符即可。由于前一步进行了设置，此时分节符可见，只需选中分节符，按 Delete 键即可，并使分节符前后的两节合并为一节。

（2）设置分页符。

文章的不同部分通常会另起一页，很多人习惯用加入多个空行的方法分页，一但文章内容做了调整，就需重复排版，降低工作效率，正确的做法是插入分页符，以实现在特定位置手工分页。

此例中，处在同一节中的中、英文摘要及目录之间，正文的每一章及总结、致谢、参考文献之间都应插入分页符。

插入方法和插入分节符类似，在图 2.95 所示的下拉列表中选择"分页符"命令。由于需手工分页处较多，利用组合键<Ctrl+Enter>来实现则更为快捷。

4. 设置样式

样式是指字体、字号和缩进等格式设置特性的组合，将这一组合作为集合加以命名和存储。应用样式时，将同时应用该样式中所有的格式设置指令。需要一次改变多处文本，可选取后直接单击样式窗口中的格式，快速应用，与格式刷相比具有事半功倍的效果。通常情况下，用户只需使用 WPS 提供的预设样式就可以了，若预设的样式不能满足要求，只需略加修改即可。

　　根据学校"毕业论文格式"的要求，需要对正文章节分三级标题，这就说明对不同标题段落需要进行相同的排版工作，如果只是利用字体格式编排和段落格式编排功能，不但很费时间，而且很难使文档格式一直保持一致。这时，就需要建立样式来实现这些功能，并能通过设置样式快速生成目录。

　　（1）设置正文样式。

　　此时文章没进行任何格式设定，所有文字都使用"正文"样式，根据要求，修改正文样式。具体步骤如下。

　　步骤 1　插入点置于文中任意位置，单击最右边任务窗格上的"样式和格式"按钮，或在"开始"选项卡下，单击" "按钮右下角的"旧式工具"按钮，打开图 2.96 所示的"样式和格式"任务窗格。

图 2.96　"样式和格式"任务窗格

　　步骤 2　选择当前"正文"样式下拉列表中的"修改…"命令，进入"修改样式"对话框，因正文字体符合要求，选择"格式"下拉列表中的"段落"命令，在"段落"对话框中设置"首行缩进 2 字符"，操作过程如图 2.97 所示。

图 2.97　修改正文样式过程

此时，文档中所有段落都自动"首行缩进"了两个汉字，所有文字字体为宋体，字号为五号字。修改后应用了新的正文样式效果，如图 2.98 所示。

摘要

　　本影视资讯网的开发技术是基于 J2EE 的 B/S 架构，数据库选用的是大众喜爱的 MySQL 数据库。本网站实现了用户注册和登录，管理员注册和登录，以及管理员对作品的增删改等，用户对作品介绍的浏览，分类搜索，对作品的内容查看，并且可以立即进行评论等。

　　本系统采用结构化分析与设计方法，详细阐述了一个功能比较强大的影视资讯网的开发、操作流程和涉及的一些关键技术。首先进行了可行性研究，然后是系统研究，通过实际的业务流程研究和对业务流程和系统的组织结构的分析研究，完成了数据流分析；然后是对系统的结构化分析，功能模块划分、系统功能设计、数据库的设计等工具及技术的调用。此阶段对本系统各个模块的功能进行了详细设计，形成了本系统的功能模块图；数据库设计时先进行了对数据库的概念结构设计，然后对事物逻辑进行了逻辑结构设计，最后完成了数据表的设计。

　　关键词：影视资讯；B/S；J2EE；结构化分析

————————————————分页符————————————————

图 2.98　修改后新的正文样式效果

（2）设置 3 级标题样式。

对于 3 级标题的样式，可利用新建样式的方法，新建三种样式，再应用，也可以在 WPS 预设的 3 级标题基础上进行修改。

本例切换到"大纲视图"下设置，可以迅速了解文档的结构和内容梗概。其中，文档标题和正文文字被分级显示出来，根据需要，一部分标题和正文可以被暂时隐藏起来，以突出文档的总体结构。

启用大纲视图的方法如下。

● 在"视图"选项卡上的"文档视图"组中，单击"大纲"按钮 。

● 单击 WPS 文字界面右下角的"大纲"按钮 。

以设置 1 级标题为例，进入大纲视图后，弹出图 2.99 所示的"大纲"工具。

图 2.99　"大纲"工具组

选择标题"摘要"，单击" 提升到标题 1"按钮，则此标题自动应用"WPS 标题 1"的样式，级别 1 级。如图 2.100 所示。利用 Ctrl 键+选定大标题（即章名，最高一级），如法炮制，将所有章名设为"标题 1"。

图 2.100　提升至 1 级标题

设置完毕后，在图 2.99 所示的工具组中，选择"显示级别 1" 显示级别1 ，则文章内容只有标题 1（第一级）显示出来，如图 2.101 所示。

图 2.101　1 级标题显示及修改结果

　　用与正文样式相同的修改方法，选定其中任意一标题 1 中的文字，如"摘要"。此时样式自动显示为"标题 1"，单击下拉列表框，选择"修改…"命令，将标题 1 样式按要求改为"黑体，四号，加粗，颜色自动，居中"，段落"特殊格式"设为"无特殊格式"（这是因为正文设置中，段落都首行缩进了 2 字符，而此时大标题如需"居中"，再有首行缩进效果，实际就会靠右 2 字符，因此要取消特殊格式）。标题 1 的"修改样式"对话框如图 2.102 所示。

图 2.102　标题 1 的"修改样式"对话框

　　确定后，此时所有 1 级标题按新样式呈现。读者可以"预览"一下，对比正文样式修改后的效果图，此时的大标题统一应用了修改后的新标题 1 样式。如图 2.103 所示。

图 2.103　修改后的新标题 1 样式效果图

在"大纲"视图下，选择"显示所有级别"后，节名 1.1 和小节名 1.1.1 等，对应标题 2 和标题 3，用类似方法按要求进行设置（标题 2 对齐方式为"两端对齐"）。由于这部分内容较多，设置预设样式时，可以利用"格式刷"加快进度。

最后，选择"显示级别 3"，效果如图 2.104 所示。

图 2.104　显示设置好的 3 级标题效果

检查 3 级标题是否设置正确，若有错误或遗漏，可以利用"大纲"工具中的"提升"或"降低"级别按钮来设置。

回到页面视图，排版后的局部效果如图 2.105 所示。

图 2.105　3 级标题样式设置完毕的效果图（局部）

5．设置页码

通过设置页码可以对多页文档的每一页进行编号。用户可以手工插入分页符，设定不同的页码格式，还可以根据需要为当前文档指定起始页码。通过在页眉或页脚中插入页码，可以对文档中的各页进行编号。页码一般显示在页脚或页眉中，此例要求 "摘要、英文摘要和目录" 页要在 "页脚" 处使用 "大写罗马字符" 的页码，由于之前已经在此插入了分节符，因而可以分别进行设置。在插入页码时，可以选择页码的格式，具体操作步骤如下。

步骤 1　将插入点放置在第一节（此时只有中、英文摘要两页）任一页中，单击 "插入" 选项卡下的 "页码" 下拉列表，选择 "页脚中间" 样式，如图 2.106 所示。

图 2.106　"页码" 下拉列表

步骤2 在"页脚"处会显示此时是位于"页脚-第1节-",在弹出的选项中选择"修改页码▾"下拉列表，将"样式、位置、应用范围"及"重新开始编号"的"起始值"按图2.107所示进行设置。单击"页眉和页脚"选项下的"关闭"按钮退出设置。则第1节的两页此时用大写罗马字符表示，且从第II页开始。文章正文页码设置方法相同。"应用范围"可选"本页及之后"，如图2.108所示。

图2.107 第1节页码样式修改　　　　图2.108 第2节页码样式修改

设置完毕后，这两节分别用不同的页码样式对页面进行编号了。设置效果如图2.109所示。

图2.109 不同页码样式设置后效果

6．自动生成目录

目录是文档中标题的列表，可以通过目录来浏览文档中的所有主题，通常是一篇长文档中不可缺少的部分。有了目录，用户就能很容易地知道文档中有什么内容、文档的基本结构、如何查找定位内容等。使用自动目录的3大优点如下。

● 避免手工编制目录的烦琐和容易出错的缺陷。

● 当文档修改使得页码变动时，可以实现目录的自动更新。

● 用户可方便地链接跟踪定位，即利用 Ctrl+鼠标单击。

生成目录的一般步骤如下。

步骤1 设置好需要提取到目录中的标题样式。如前述，3级标题样式已设置，确定各章节的章节名称，以及该章节名称在此章中的样式与标题级别。相应显示页码也已设置。

步骤2 单击要插入目录的位置。此例为英文摘要页的"分节符"前，因为"目录"与其属同一节。

步骤3 单击"引用"选项卡下的"插入目录"按钮，弹出图2.110所示的"目录"对话框，直接单击"确定"按钮，系统按3级标题建立了目录。如需做细节调整，可单击"选项…"按钮进行。

图 2.110 "目录"对话框

步骤4 在新生成的目录前按<Ctrl+Enter>组合键，使目录另起一页，输入文本"目录"，并应用"1级标题"样式。选中整个目录文本，对其字体、字号按需设置。效果如图2.111所示。

图 2.111 目录生成后的效果

7．插入封面文件

此时文章大体编排已完，可将论文"封面"模板插入与其他部分合并。具体步骤如下。

步骤1 利用<Ctrl+Home>组合键定位到文件头。

步骤2 在左上角的"应用程序 W WPS 文字 "菜单中，选择"插入|文件…"命令,选择配套素材"WPS 毕业论文封面.doc"双击，则封面插入到文中成为第 1 页。此时"摘要"页和"封面"页共处同一节、同一页。

步骤3 在"摘要"前插入"分节符（下一页）"，此时"封面"页成为第 1 节，延续了第 2 节的页码格式。

步骤4 双击页脚处页码，进入页脚编辑状态，如图 2.112 所示，选择"删除页码"下拉列表中的"仅删除本节页码"单选项。

步骤5 "确定"后，单击"关闭"按钮 X 结束。

图 2.112 删除页码设置

通过上述步骤，论文已经基本符合学校的格式要求，小袁将论文保存后，发给了李老师。

【知识拓展】

李老师对论文内容做了审阅，提出了修改建议。格式上，主要对页眉设置、参考文献引用、文中引用图表题注等提出了要求，并做了相应指导。

1．页眉的制作

页眉可由文本或图形组成，出现在一节中每页的顶端。页脚出现在每页的底端。页眉和页脚经常包括页码、章节标题、日期和作者姓名等信息。如前述分析，若想各章节页眉等版面不同，可通过设置不同节，每节独立设置页眉页脚的方法来实现，本文的分节任务已完成。分别设置不同效果页眉页脚的操作步骤如下。

步骤1 在第 3 节即文章正文"第一章 引言"第 2 页，双击顶部页眉位置，或单击"插入|页眉和页脚"按钮 ，弹出图 2.113 所示的"页眉和页脚"工具栏。此时页眉右边显示，默认页眉和页脚的设置"与上一节相同" 与上一节相同 。也即意味着，即使设置了不同节，如果用户不做细节设置，不同节还是会应用相同的格式。

图 2.113 "页眉和页脚"工具栏

步骤2 在图 2.113 中单击"同前节 同前节 "按钮，取消与上一节的链接，此时设置的页眉效果，将不会和上一节，即第 1.2 节的封面目录关联。

步骤3 输入"论文名+作者姓名",文字格式设置为"字体为宋体,字号为5号,对齐方式为居中",单击"关闭"按钮,完成。

步骤4 由于第一章第 1 页也无需页眉,可以单击工具栏上的"选项"按钮 ，在图 2.114 所示的"页眉/页脚设置"对话框中设置"页面不同设置"为"首页不同"或进入"页面设置"对话框设置"页眉和页脚/首页不同"。

图 2.114 设置页眉和页脚"首页不同"

步骤5 页眉文字下的水平线的设置和删除。此效果的要点在于设置和取消段落的边框线。单击"WPS 文字 | 格式 | 边框和底纹"命令,在图 2.115 所示的"边框和底纹"对话框中,自定义线型、宽度后,在"预览"栏最下方单击。注意此时应用于"段落"。

图 2.115 页眉文字下方水平线设置

步骤6 单击"关闭"按钮退出。页眉修改效果如图 2.116 所示。

图 2.116 页眉修改效果

WPS Office 2013 最新个人版，有个令人惊喜的改变，在"页眉和页脚"工具栏中，增加了一个"页眉横线" ☐ 功能，单击此下拉列表，如图 2.117 所示，可以很方便地设置页眉横线的有、无及线型，甚至页眉横线的颜色。

图 2.117　"页眉横线"下拉列表

2．参考文献的引用

　　论文中所引用的图表或数据必须注明来源和出处。参考文献和注释一般按论文中所引用文献或注释编号的顺序列在论文正文之后、参考文献之前。

　　此例采用"交叉引用"的方法，具体操作步骤如下。

　　步骤 1　利用"项目符号和编号"为参考文献添加编号。选定需要添加编号的所有参考文献内容，单击"开始"选项卡的"段落"组中的"编号格式"按钮 ☰ 下的"其他编号"项，任选一种阿拉伯数字的编号类型后，单击"自定义..."按钮，在弹出的"自定义编号列表"对话框中进行图 2.118 所示的设置，将编号格式加上"[ ]"（一般参考文献的编号格式）。

图 2.118　为参考文献添加编号

步骤2 在正文引用位置建立交叉引用。插入点放在引用参考文献的文字内容处，如"摘要"第1句"本影视资讯网的开发技术是基于J2EE的B/S架构"后，选择"引用|交叉引用"按钮，在"交叉引用"对话框中，选择"引用类型"为"编号项"，"引用内容"为"段落编号（无上下文）"，如图2.119所示。

图2.119 交叉引用参考文献

步骤3 此时文献引用已标注且能利用快捷键<Ctrl+鼠标左击>定位到对应参考文献编号。

步骤4 将文中的引用编号如"[1]"等，设为上标。方法为选中编号后，单击"开始"选项卡下的"上标"按钮，或按快捷键< Ctrl+Shift+ =>，效果如图2.120所示。

图2.120 参考文献文中的引用效果

3．图表的自动编号及引用

在论文中，图表和公式要求按其在章节中出现的顺序分章编号，例如图 1.1、表 2.1、公式 3.4 等。在插入或删除图、表、公式时，编号的维护就成为一个大问题。如若在第 2 章的第一张图（见图 2.1）前插入一张图，则原来的图 2.1 应依次变为图 2.2，文档中对这些编号的引用，如"J2EE 的概念如图 3.1 所示:"等也全部要相应变化。若图很多，引用也很多，手工修改这些编号将是一件很费劲的事情，并且还容易遗漏。

WPS 能轻松实现对图表公式自动编号及在文章中相应位置的引用，并在编号改变时能自动更新。

（1）使用"题注"功能自动编号。使用"题注"功能，可以保证长文档中图片、表格或图表等项目按照顺序自动编号。"题注"是添加到表格、图片或其他项目上的编号选项卡，如果移动、添加或删除带题注的某个项目，则 WPS 文字将自动更新题注的编号。如果要为已有的表格、图表、公式或其他项目添加题注，可以按照下述步骤进行操作。下面以"图 3-1"的编号为例说明具体的做法。

选择第一张图片下方标注位置，单击"引用|题注"按钮 ，在"题注"对话框中，单击"新建标签..."按钮，新建一个标签"图 3-"，编号格式为默认的阿拉伯数字，位置为"所选项目下方"，如图 2.121 所示。表和公式的题注添加方法类似。单击"确定"按钮后，第一张图片下方就插入了"图 3-1"。其后图片都只需在"题注"对话框中，使用标签"图 3-"，再单击"确定"按钮，则图片自动插入标签文字和序号，如"图 3-2、图 3-3"等。

图 2.121　为图片添加题注

（2）创建图表的"交叉引用"。交叉引用就是在文档的一个位置引用另一个位置的内容，一般用于同一文档中需要互相引用内容的地方，如"有关××的使用方法，请参阅第×节"等。交叉引用可以使用户能够尽快地找到想要找的内容，也能使整个书的结构更有条理、更加紧凑。

在 WPS 文字中可为标题、脚注、书签、题注、编号段落等创建交叉引用。

将插入点放在引用"图 3-1"的文字内容处，如文字"J2EE 的概念如所示："的"如"字后，单击"引用|交叉引用"按钮 ，在"交叉引用"对话框中，选择"引用类型"为"图 3-1"标签，"引用内容"为"只有标签和编号"，如图 2.122 所示。此时，文字会变成"J2EE 的概念如图 3-1 所示："，用同样的方法，将文中所有利用"题注"标记的图或表的编号插入文章中相应引用位置。

图 2.122　为图表题注建立交叉引用

（3）利用"样式"，将"题注"样式修改为"黑体，10磅，居中对齐，无特殊格式，单倍行距"，则此后插入的所有图片自动使用这个样式。

（4）若要删除和插入新图，利用<Ctrl+A>组合键选中全文，按F9键或单击右键，选择"更新域" 更新域(U)，在图2.123所示的"更新目录"对话框中选择"只更新页码"，即可更新所有编号及其在文中的引用，也包括更新变动了的目录页码，非常便捷准确。

图2.123　"更新目录"对话框

至此，小袁圆满完成了毕业论文的排版与设计。

【技能提升】

1. 脚注与尾注的设置

脚注一般位于页面的底部，可作为文档某处内容的注释；尾注一般位于文档的末尾，列出引文的出处等。脚注由两个关联的部分组成，包括注释引用标记和其对应的注释文本。插入脚注的步骤如下。

步骤1　选定论文"摘要"中的文本"影视资讯网"，单击"引用 | 插入脚注"按钮 $\frac{1}{AB}$，光标自动跳至本页的最底端，等待用户输入脚注的内容。

输入脚注的内容"此影视网站网址为"，编号格式等均采用默认值。尾注的设置类似。

步骤2　光标停在注释引用标记处，则显示对应的注释文本，效果如图2.124所示。

图2.124　"脚注"效果图

此时脚注的和尾注的设置均为默认的效果，如需进行个性设置，可单击脚注/尾注组中的"旧有工具"按钮，在图2.125所示的"脚注和尾注"对话框中进行设置和插入。

图2.125　"脚注和尾注"对话框

2．字数统计

统计字数功能可以很方便地统计出文档的页数、字数、计空格和不计空格的字符数、段落数、非中文单词数和中文字符数，具体操作步骤如下。

步骤1 将光标定位在要进行字数统计的文档的任意位置，如果要统计某一段的字数，则选择该段。

步骤2 在"审阅"选项卡的"校对"组中，单击"字数统计"按钮 ，在弹出的"字数统计"对话框中即可看到结果，如图2.126所示。

图 2.126 "字数统计"对话框

如果要将"脚注"和"尾注"的字数也算在内，则勾选"包括脚注和尾注"复选框。

步骤3 单击"关闭"按钮完成字数统计。

3．插入公式

为方便用户在编辑文字文档时进行简单的数据运算，利用简单的函数和计算公式快速实现数据统计和分析，WPS文字中添加了计算域，实现了在文档中快速批量添加计算公式，从而提高工作效率。具体操作步骤如下。

步骤1 将光标置于需要插入公式的位置。

步骤2 在"插入"选项卡的"符号"组中，单击"公式"按钮 ，打开图2.127所示的"公式编辑器"窗口。

图 2.127 "公式编辑器"窗口

步骤3 在公式编辑器中，输入相应的公式，即可在文档中插入复杂的数学公式和符号。此例使用"积分模板、围栏模板"就可制成，若字符间距不够，可利用"间距和省略号"插入间距。

4．插入水印

（1）利用页眉制作背景水印。

类似论文、重要公文及用户需要制作像彩色信纸类的需求，或是类似项目 3 制作录取通知书固定的模板部分时，往往需要在背景中添加水印效果，WPS 之前版本并无插入"水印"功能，一般都是利用"页眉"制作背景的方式，巧妙实现水印功能。

利用页眉制作的背景，在其上可以随心所欲地编辑，不会因为鼠标无意触及而移动对象布局版式。

仍以项目 3 的制作录取通知书为例，介绍具体的操作步骤。

步骤 1　"页面设置"中增加一项，"页眉"距边界"1 毫米"、"页脚"距边界"0 毫米"。

步骤 2　单击"插入"选项下的"页眉和页脚"，进入页眉编辑状态。

步骤 3　在此正常插入所有需要整合作为背景的项目，方法同前所述。

步骤 4　拖曳图片使之铺满整个页面。

步骤 5　关闭退出后，则刚才所有对象都成为了背景。不可随意移动和编辑，除非回到"页眉和页脚"编辑状态，这样就比"组合"对象更适合此例。

（2）插入"水印"。

最新的 WPS 文字个人版，新增了"水印"功能，单击"插入|水印"下拉列表 a，WPS提供了一些常见预设水印效果，选择"严禁复制"项，则全文应用了"水印"效果，如图2.128 所示。

图 2.128　插入预设水印、"水印"效果示例

WPS 插入"水印"功能，还允许设置图片作为水印，方法为：单击"插入|水印|插入水印"命令，弹出图 2.129 所示的"水印"对话框，勾选"图片水印"，单击"选择图片"按钮，选择图片插入进来，此例使用素材中的"世界杯封面"，单击"确定"按钮，则图片和文字的水印效果同时生效。

图 2.129 设置图片水印效果

项目 5　出一张试卷

试卷应该是教师朋友们接触最多的办公应用了。下面我们以制作一张 8 开纸、4 个版面、双面打印的试卷为例，重点讲解一些需要注意的要点。

（1）制作试卷首先要制作密封线。密封线一般在试卷的左侧，在密封线外侧是学校、班级、姓名、考号等信息。而内侧就是试卷的题目了。

其实，密封线的制作非常简单，只要插入一个文本框，并在其中输入学校、班级、考号、姓名等考生信息，留出足够的空格，并为空格加上下画线，试卷头就算完成了。然后另起一行，输入适量的省略号，并在省略号之间输入"密封线"等字样，最后将文本框的边线设置为"无线条颜色"即可，如图 2.130 所示。

图 2.130　试卷头和密封线示例

在制作过程中，可能会出现考生信息不能居中的问题，即使将其设置为"居中对齐"了，可它还总是有些偏右，这是怎么回事呢？原来，在 WPS 文字中，是将空格（即使是全角空格）当作西文处理的，并且在排版的时候，连续的空格会自动被忽略掉，因此，在图 2.130 中，极有可能从"学校："到"姓名："这部分内容居中了，但"姓名："之后的空格被忽略掉了。解决此问题的办法是：选中考生信息部分右键单击，在快捷菜单中选择"段落"命令，弹出"段落"设置对话框，切换到"换行和分页"选项卡，选中"换行"选项组下的"允许西文在单词中间换行"复选项即可，如图 2.131 所示。

图 2.131 "段落"对话框

（2）试卷头做好了，但它是"横"着的，怎样才能把它"竖"起来呢？用鼠标右键单击该文本框，在快捷菜单中选择"设置对象格式"命令，在其对话框的"文本框"选项卡中勾选"允许文字随对象旋转"复选项，如图 2.132 所示。

图 2.132 "文本框"选项卡

这时，我们再次选中文本框，把光标放到文本框正上方的绿色调整点上，会发现光标变成一个旋转的形状，如图 2.133 所示。

图 2.133 置光标到文本框正上方的绿色调整点上

（3）此时调整好鼠标位置可旋转这个文本框，按下 Shift 键可以较好地定位到左旋 90° 的位置（也即旋转 270°），如图 2.134 所示。

图 2.134　定位旋转 270°

释放鼠标左键，并用鼠标单击文本框之外的位置，这个文本框就"竖"起来了。用鼠标把它拖动到页面的左侧，即完成了试卷头的制作。

课后练习

1. 请建立如图所示的学生信息表。

学 生 信 息 表

基本信息				
姓名		学号		相 片
性别		民族		
成份		出生日期		
班级		联系方式		
家庭地址				

家庭信息				
关系	姓名	工作单位	职称	联系方式

个人简介	
特长	
职务	
能力	
获奖情况	

分数信息

2. 请观察并练习素材库招投标文件对 WPS 的综合应用。
3. 请利用"邮件合并"功能批量制作邀请函。
4. 练习制作安卓机器人（选做）。

制作要点：利用文本框放置形状；主要用到的形状有矩形、圆、线；插入的形状复制后，应选择性粘贴成 PNG 格式的图片，才能进行剪切。

PART 3

第 3 章
WPS 电子表格的应用

WPS 表格是 WPS Office 的三个组件之一，它是应用众多的电子表格类处理软件之一。

WPS 表格是一个灵活高效的电子表格制作工具，可以广泛应用于财务、行政、金融、经济和统计等众多领域。可以高效地完成各种表格和图的设计，进行复杂的数据计算与分析；并支持 100 多种常用函数计算、条件表达式、排序、筛选、合并计算等功能。其中特别提供了大量的电子表格模板，使用这些模板可以快捷地创建各式表格，供显示、打印或回复对方。

本章通过三个项目的实践详细讲解了 WPS 表格的基础知识与基本操作，包括 WPS 表格的认识、表格的数据录入、表格的数据处理以及 WPS 表格的高级应用、图表的制作与美化等。

项目 1　制作"采购计划表"

【项目描述】

John 在某公司采购部上班，经理需要他提交一份三季度采购计划表。在采购计划表中要求包括材料名称、规格、单位、预算分析（万元）、需用量、现有库存、采购量、采购报价、备注等，现在他需根据实际情况，设计并制作和录入相关数据，并将工作表命名为"三季度采购计划表"，整个表格文件以"公司采购计划表.et"命名保存。

【技术分析】

本项目要求 John 在 WPS 表格中完成采购计划表的设计和相关数据的录入。

本项目主要涉及表格的基本操作，数据录入、编辑及格式设置，以及表格的美化。

通过本项目的制作，可了解 WPS 表格窗口的使用方法，掌握基本的数据录入技巧，学会表格设计和制作的基本操作，增强解决实际问题的能力。

【项目实施】

1. WPS 表格的基本操作

（1）启动 WPS。双击桌面 WPS 表格快捷图标 ，或者通过菜单"开始 | 程序 | WPS Office 个人版 | WPS 表格"命令启动 WPS 表格程序（注意启动后的界面首先进入在线模板界面，在此界面中，用户可选择相关在线模板），如图 3.1 所示。

图 3.1 WPS 表格初始界面

（2）新建表格。单击窗口右侧"新建空白文档"选项 ，完成新建文档，如图 3.2 所示。

图 3.2 WPS 表格的工作界面

表格：一个 WPS 表格文件就像是一个账本，这个账本有 64 页，每页的页面上都是一张表格。这个表格有 65536 行、256 列。我们就是在这些表格中录入数据的，这些表格的大小不是固定不变的，它的行高与列宽都可以调整。另外，我们不仅可以在表格中录入数据，而且可以进行复杂的计算、统计、汇总，甚至生成图表，然后打印输出。

单元格：窗口中最主要的部分就是表格了，它由很多的行与列组成，这些行与列构成了很多的格，在 WPS 表格里面称为"单元格"，如图 3.2 中的很多小格，这些小格都是单元格。表格的列分别用 A，B，C，D，...，Z，然后是 AA，AB，...，AZ，BA，BB，...，BZ 等来表示，表格的行分别用 1，2，3，4...来表示，这个表格共有 256 列，65536 行，我们可以想象一下，这么大的一个表格足够我们存放下众多的数据，现实生活中我们哪里见过这么大的表格！每个单元格都有个名称，如 A 列 1 行的单元格，它的名称是"A1"，同样的道理，C 列 5 行的单元格称为"C5"。单元格的名称可以在名称框中显示出来 ，单元格的名称框位于表格的左上角，单元格的名称也称为"单元格地址"。

工作表：一个 WPS 表格可以放下 64 页工作表，新建文档默认为 3 个工作表，（即屏幕左下角显示的 Sheet1、Sheet2 和 Sheet3），其他的可以通过菜单插入工作表来实现，如图 3.3 所示。

图 3.3　插入工作表菜单

（3）关闭 WPS 表格。单击"文档标签栏"中的"关闭"按钮，或者单击屏幕右上角的"关闭"按钮 X 即可实现当前工作表的关闭功能，如果单击"WPS 表格 | 文件 | 关闭所有文档"命令，则完成整个工作簿文件的关闭。

2．表格设计

采购计划表中包含的内容比较多，为使表格结构更清晰，这里设计了一个图 3.4 所示的表格，设计制作过程的步骤如下。

采购计划表

序号	材料名称	规格	单位	预算分析（万元）			需用量	现有库存	采购量	采购报价	备注
				年度预算	已用预算	可用预算					
1											
2											
3											
4											
5											
6											
7											
8											

填表人：　　　　　　　审批人：　　　　　　　采购员：

图 3.4　采购计划表设计效果

步骤 1　新建一个空白文档，在 A1:L1（即 A1～L1）单元格中输入采购计划表的标题明细，分别是"序号、材料名称、规格、单位、年度预算、已用预算、可用预算、需用量、现有库存、采购量、采购报价、备注"。设计效果如图 3.5 所示。

	A	B	C	D	E	F	G	H	I	J	K	L
1	序号	材料名称	规格	单位	年度预算	已用预算	可用预算	需用量	现有库存	采购量	采购报价	备注

图 3.5　采购计划表标题明细

步骤2 鼠标左键点击行标号1，选择第一行，右键单击所选行，从图3.6所示的快捷菜单中选择"插入"命令，在第一行之前插入新的一行；用同样的方式，再在第一行前插入一行。（也可选定前二行，右击"插入"，在第一行前面插入2行。）

图3.6 快捷菜单示意图

步骤3 选择 E2:G2 单元格（即用鼠标框选 E2、F2、G2 这三个单元格），单击"合并居中"按钮 ，将这三个单元格合并。

步骤4 由于"年度预算、已用预算、可用预算"属于"预算分析（万元）"。因此，这三项可以用一个单元格标题进行管理，更能突出层次感。在合并后的单元格中输入标题内容"预算分析（万元）"。再将 A2:A3 同时选定，利用"合并居中"合并为一个单元格，同样分别合并 B2:B3、C2:C3、D2:D3、H2:H3、I2:I3、J2:J3、K2:K3、L2:L3。如图3.7所示。

	A	B	C	D	E	F	G	H	I	J	K	L
1												
2	序号	材料名称	规格	单位	预算分析（万元）			需用量	现有库存	采购量	采购报价	备 注
3					年度预算	已用预算	可用预算					

图3.7 合并单元格

步骤5 单击 A1 单元格，输入"采购计划表"标题，合并 A1:L1 单元格，制作后的效果如图3.8所示。

	A	B	C	D	E	F	G	H	I	J	K	L
1						采购计划表						
2	序号	材料名称	规格	单 位	预算分析（万元）			需用量	现有库存	采购量	采购报价	备 注
3					年度预算	已用预算	可用预算					

图3.8 采购计划表标题效果

3．数据录入

（1）自动填充。使用"自动填充"方法在"序号"列中输入序号。在 WPS 表格中有些数据可以利用填充柄来自动填充。具体操作如下。

步骤1 在当前表格中，选中 A4 单元格（即单击 A4 单元格，它的四周呈黑色粗线条表示被选中），输入数字1，如图3.9所示。

图 3.9　单元格内容的输入

步骤 2　在自动填充中默认的为等差数列（即数与数之间步长相等），这样就需要有两个数据来体现出数值的变化规则，故在 A4 单元格输入数字 1 后，再在 A5 单元格输入数字 2，如图 3.10 所示。

步骤 3　同时选定 A4、A5 单元格，在 A5 单元格右下角有个黑色小方点为"填充柄"，将光标靠近"填充柄"，它会自动变为"十"字形，这时按住鼠标左键垂直往下拖动，拖动"填充柄"到哪里，序列号就列在哪里，省时省力，如图 3.11 所示。松开"填充柄"自动填充完成，如图 3.12 所示。

图 3.10　输入两个基本数　　　图 3.11　向下拖动填充柄　　　图 3.12　松开填充柄

使用"自动填充"功能可以完成智能复制，快速输入一部分数据，有效提高输入效率。在 WPS 表格中可自动填充的常用序列有两类。

第一类是年、月份、星期、季度等文本型序列，对于文本型序列，只需输入第 1 个值（如输入星期一），然后拖动填充柄就可以进行填充。例如要输入一周中的每一天，可按图 3.13 所示进行操作。

图 3.13　自动填充星期一到星期日的操作过程

第二类是如 1、2、3，2、4、6 等数值型序列，对于数值型序列，需要输入两个数据，体现出数值的变化规则，再拖动填充柄即可按给定的规则进行填充。

对于非序列型文本（如"办公室、编号"）和单一未指定填充规则的数值（如 200），拖动填充柄时会对数据进行"复制"操作。

例：使用"填充柄"对非序列型文本"编号"或未指定填充规则的数值 200 进行复制操作。

步骤 1 在 A1 单元格输入汉字"编号"，B1 单元格输入数值"200"；如图 3.14（左图）所示。

图 3.14 "填充柄"的复制操作过程示意图

步骤 2 选中 A1:B1 单元格（即 A1~B1 单元格），然后将光标移到 B1 单元格的右下角，当光标变为"十"字形时，按住鼠标左键往下拖动填充柄，照例拖到哪里就复制到哪里，结果如图 3.14（右图）所示。

（2）输入数据。因所有材料的预算分析值相同，所以分别将各材料的"年度预算""已用预算""可用预算"单元格纵向合并，如图 3.15 所示，并按图示录入单元格内容。

	A	B	C	D	E	F	G	H	I	J	K	L
1							采购计划表					
2	序号	材料名称	规格	单位	预算分析（万元）			需用量	现有库存	采购量	采购报价	备 注
3					年度预算	已用预算	可用预算					
4	1	原材料1	100kg/袋	袋				50	24	100	￥120.00	
5	2	原材料2	100kg/袋	袋				40	15	80	￥140.00	
6	3	物料1	50斤/桶	桶				50	18	50	￥125.00	
7	4	物料2	50斤/桶	桶	100	55	45	30	20	100	￥135.00	
8	5	半成品1	50件/箱	箱				49	19	75	￥ 85.00	
9	6	半成品2	50件/箱	箱				45	31	120	￥115.00	
10	7	包装材料1	250件/箱	箱				20	14	100	￥ 75.00	
11	8	包装材料2	250件/箱	箱				25	18	100	￥125.00	
12	填表人:			审批人:				采购员:				

图 3.15 数据录入窗口

（3）更改数据类型。将"采购报价"数据类型改为图 3.18 所示的货币类型。

步骤 1 选择 K4:K11 单元格，单击鼠标右键打开快捷菜单，选择"设置单元格格式"命令，如图 3.16 所示，打开"单元格格式"对话框，如图 3.17 所示。

图 3.16　快捷菜单

图 3.17　"单元格格式"对话框

步骤 2　按图 3.17 所示在"单元格格式"对话框内选择货币类，小数位数为 2，单击"确定"按钮。更改数据类型后的效果如图 3.18 所示。

F	G	H	I	J	K	L
采购计划表						
算分析（万元）		需用量	现有库存	采购量	采购报价	备　注
已用预算	可用预算					
		50	24	100	￥120.00	
		40	15	80	￥140.00	
		50	18	50	￥125.00	
55	45	30	20	100	￥135.00	
		49	19	75	￥85.00	
		45	31	120	￥115.00	
		20	14	100	￥75.00	
		25	18	100	￥125.00	

图 3.18　更改数据类型后的效果图

4．表格的美化

步骤 1　设置标题行（第一行）的行高为 30。选择第一行，单击鼠标右键，打开快捷菜单，选择"行高"命令，如图 3.19 所示。打开"行高"对话框，在其中输入 30，如图 3.20 所示。单击"确定"按钮后完成标题行行高的设置。

图 3.19　快捷菜单

图 3.20　"行高"对话框

步骤2 设置其他行高。选择 2～12 行，按同样的方法设置其行高为 20。

步骤3 设置表格列宽。选择 A～L 列，单击鼠标右键，打开快捷菜单，如图 3.21 所示。选择"列宽"命令，打开"列宽"对话框，在其中输入 10，单击"确定"按钮后完成表格列宽的设置。

图 3.21　快捷菜单

步骤4 设置表格列为最合适的列宽。选择 A 列和 D 列（先选择 A 列后按下 Ctrl 键再选择 D 列，即可同时选定 A 列和 D 列），单击"开始 | 行和列 | 最适合的列宽"命令，如图 3.22 所示，还可以单击"WPS 表格 | 格式 | 列 | 最适合的列宽"命令，即可根据该列的文字内容自动调整列宽。

图 3.22　设置表格列为最适合的列宽

步骤5 设置第一行的标题文字大小为 16、加粗、宋体、绿色；选择"开始 | 格式 | 单元格"命令，在"单元格格式"对话框中单击"字体"标签，进入图 3.23 所示的"字体"选项卡。

图 3.23　"字体"选项卡

步骤6 用同样的方式，设置第二、三行的标题文字大小为 11、加粗、宋体、深绿色；其余文字大小为 10、宋体、黑色。

步骤7 设置单元格文字的对齐方式。选择 A2:L12 单元格，单击工具栏的"水平居中"按钮 ≡，设置选定单元格内文字左右居中对齐，单击工具栏的"垂直居中"按钮 ≡ ≡ ≡，设置选定单元格内文字上下居中对齐。

步骤8 为表格添加边框线。要求外边框为较粗的单实线、深绿色，内边框为细单实线、海绿色。选择 A2:L11 单元格，选择"开始 | 格式 | 单元格"命令，在"单元格格式"对话框中单击"边框"标签，进入图 3.24 所示的"边框"选项卡。

图 3.24 "边框"选项卡

步骤 9 选择"样式"下的第二列第五行的线型样式，在"颜色"下拉列表中选择"深绿色"，单击窗口内右边的"外边框"按钮，即可完成表格外边框的设置；然后选择"样式"下的第一列最后一行的线型样式，在"颜色"下拉列表中选择"海绿色"，单击右边的"内部"按钮，即可完成表格内边框的设置。查看内外边框设置的预览效果，单击"确定"按钮完成边框设置。设置后的效果如图 3.25 所示。

序号	材料名称	规格	单位	预算分析（万元）			需用量	现有库存	采购量	采购报价	备 注
				年度预算	已用预算	可用预算					
1	原材料1	100kg/袋	袋				50	24	100	¥ 120.00	
2	原材料2	100kg/袋	袋				40	15	80	¥ 140.00	
3	物料1	50斤/捅	捅				50	18	50	¥ 125.00	
4	物料2	50斤/捅	捅	100	55	45	30	20	100	¥ 135.00	
5	半成品1	50件/箱	箱				49	19	75	¥ 85.00	
6	半成品2	50件/箱	箱				45	31	120	¥ 115.00	
7	包装材料1	250件/箱	箱				20	14	100	¥ 75.00	
8	包装材料2	250件/箱	箱				25	18	100	¥ 125.00	
填表人：				审批人：				采购员：			

表格顶部标题行为"采购计划表"。

图 3.25 表格添加边框线效果图

步骤 10 设置第二、三行标题的背景颜色。选择 A2～L2 单元格，选择"开始 | 格式 | 单元格"命令，在"单元格格式"对话框中单击"图案"标签，进入图 3.26 所示的"图案"选项卡。

图 3.26 "图案"选项卡

选择单元格底纹"颜色"为"浅青绿",右边的"图案样式"选择"25%灰色","图案颜色"设置为"黄色"。设置完毕后,单击"确定"按钮,即可完成第一行的底纹设置。完成效果如图 3.27 所示。

序号	材料名称	规格	单 位	预算分析（万元）			需用量	现有库存	采购量	采购报价	备 注
				年度预算	已用预算	可用预算					
1	原料1	100kg/袋	袋				50	24	100	￥120.00	
2	原料2	100kg/袋	袋				40	15	80	￥140.00	
3	物料1	50斤/桶	桶				50	18	50	￥125.00	
4	物料2	50斤/桶	桶	100	55	45	30	20	100	￥135.00	
5	半成品1	50件/箱	箱				49	19	75	￥85.00	
6	半成品2	50件/箱	箱				45	31	120	￥115.00	
7	包装材料1	250件/箱	箱				20	14	100	￥75.00	
8	包装材料2	250件/箱	箱				25	18	100	￥125.00	

采购计划表

填表人：　　　　　　　审批人：　　　　　　　采购员：

图 3.27 采购计划表设置效果图

5．工作表的重命名

步骤 1 右键单击表格左下方的工作表标签"Sheet1",在弹出的图 3.28 所示的快捷菜单中选择"重命名"命令,即可对工资表的 Sheet1 进行重命名。双击工作表"Sheet1"亦可完成此步。

图 3.28 工作表重命名右键菜单

步骤2 当光标进入"Sheet1"工作表命名编辑栏中时，输入"三季度采购计划表"，再按回车键，完成工作表的重命名，如图 3.29 所示。然后将"Sheet2"工作表重命名为"二季度采购计划表"，"Sheet3"工作表重命名为"一季度采购计划表"。

图 3.29　工作表重命名

6．工作表的保存

步骤1 单击"WPS 表格 | 文件 | 保存"命令，弹出图 3.30 所示的"另存为"对话框。

步骤2 在"另存为"对话框的上方"保存在"下拉列表框中选择该文档保存的路径，如本项目保存在"第 3 章表格"文件夹中，下方设置保存文件的文件名及保存文件的类型。一般 WPS 表格的专用后缀名为"*.et"，将此项目文件命名为"公司采购计划表.et"。

图 3.30　WPS 表格的保存

【知识拓展】

WPS 表格在保存（存盘）时，可以根据用户的需求定义为.txt 格式文件，以增加通用性。它与微软的电子表格（Excel）深度兼容（即在微软的系统中能顺利地打开 WPS 的电子表格）。

1．WPS 表格的功能和特点

（1）支持长数字输入。WPS 表格新增长数字输入功能，身份证、学号、证件号等输入即可显示。

（2）支持全屏显示。WPS 文字、WPS 表格新增全屏显示功能。

（3）在线模版第三代 Docer，提供更多实用模板范文。

（4）WPS 表格已设置超链接的单元格，支持鼠标单击该单元格的空白区域来选中单元格。

（5）支持快速新建、关闭多个文档。在工具栏下方的"标签栏"会显示文档名标签，在标签栏空白处双击鼠标，则可以快速创建新的文档。在"标签栏"上某文档标签上单击鼠标右键，在系统弹出的快捷菜单中选择"关闭所有窗口"命令即可。

（6）支持快捷切换工作簿和工作表。在 WPS 表格中，当按下< Ctrl + Tab >组合键时，即可实现多个工作簿之间的切换，而且当反复地按此组合键时，系统会在所有工作簿之间进行循环切换。

2．数据输入技巧

在 WPS 表格中，数据分为两大类：一类是文本型（如纯文字"姓名"、文字与数字混合"2013 级 B 班"等）；另一类是数值型，均由纯数值构成（如人民币、学生成绩等）。数值型数据可以用于计算。

 默认（通常）情况下，WPS 表格将文本型数据（在单元格中）居左排列，数值型数据靠右排列（这是规定，希望读者能习惯，一看就懂，以提高效率）。

（1）输入文本。

在 WPS 表格中，文本是指字符或数字和字符的组合。输入到单元格中的字符等，系统只要不解释成数字、公式、日期或者逻辑值，WPS 表格均视为文本。

在文本型数据中，有一类特殊的数值型文字，其形式上全部表现为数值，但不能也无须参与计算。如电话号码，全部为数字，但对其进行加减乘除则是毫无意义的。再如"010"这类序号，如果不将其定义为文本型，前面的占位 0 根本显示不出来，因为从数值的角度来讲，010 与 10 是完全相等的。

请记住：要想输入数值型文本数据，只需在数字前面输入西文的单撇号"'"即可完成定义。对于数值型文本，拖动填充柄就可进行序列填充，按下 Ctrl 键再拖动填充柄则可进行复制操作。

（2）输入数字。

数字是由 0~9 以及特殊字符（如 +、-、¥、&、%等）构成的。输入数字有以下几点说明：

① 输入正数时，不用在数字前加正号，即使加了，也会被忽略。

② 用括号将数字括起时，表示输入是负数，如（456）表示-456。

③ 为了避免将分数当作日期，应该在分数的前面加0。如要输入 1/2，应输入 0   1/2。0 与 1/2 之间要加一个空格。分数前不加 0 的话，则作为日期处理。如输入 1/2，将显示成 1 月 2 日。

④ 当输入的数值长度超过单元格宽度或超过 11 位时，自动以科学计数法显示。

（3）输入日期和时间。

输入日期时，要用反斜杠(/)或连接符(-)隔开年、月、日。如"2014/8/29"或"2014-8-29"。输入时间时，要用冒号（:）隔开时、分、秒，如"9：30"和"10：30AM"等（注：AM 表示上午，PM 表示下午）。

输入日期和时间有以下几点说明：

① 日期和时间在 WPS 表格中均按数字处理，因此可以进行各种运算。

② 要以 12 小时制输入时间，在时间后加一空格并输入"AM"或"PM"，否则将以 24 小时制来处理时间。

③ 如果要在某一单元格中同时输入日期和时间，则日期和时间要用空格隔开，如"2014-9-19   8：30"。

3．快速查看数据的总和与平均值

快速查看数据也是 WPS 表格提供的一个非常高效的功能。通过选择待计算的数据，从表格的状态栏中查看对应的数据。

步骤1 打开待计算的 WPS 表格，如项目 1 中的采购计划表。

步骤2 选择"采购量"这一列中的相关单元格（即 J4:J11），查看状态栏中的相关数据，如图 3.31 所示。

图 3.31 快速查看数据的求和与平均值

从图 3.31 中可以看出选择的单元格数据之和为 725，平均值为 90.625，共有 8 个计数单元。

4．增加、删除行列

表格的修改包含表格行列的增、删修改。WPS 表格中行或列的增、删，一般可通过右键单击，在快捷菜单中选择相应命令完成。

行或列的增、删操作一般步骤如下。

步骤1 选择待增加或删除的行或列编号（可按下 Ctrl 键，选择不连续区域）。

步骤2 在选中对象上单击右键，从弹出的快捷菜单中相应选择"插入"或"删除"命令即可。

5．工作表的备份

工作表的备份主要是针对一个或某一些含有重要数据的工作表，建立备份后，即使工作表遭到破坏，仍可从备份工作表中恢复原始数据。建立工作表备份的具体操作过程如下。

步骤1 选择待备份的工作表，如"三季度采购计划表"。

步骤2 在工作表名称所在的位置单击右键，弹出快捷菜单，如图 3.32 所示。

步骤3 从弹出的右键菜单中选择"移动或复制工作表"命令，弹出建立备份的对话框，如图 3.33 所示。

图 3.32 右键菜单示意图

图 3.33 建立备份的对话框

步骤4 选择"移至最后"项，然后选中对话框中左下角的"建立副本"复选项，再单击"确定"按钮，即可完成该工作表的备份，形成一个新的工作表，并且工作表的名称为"三季度采购计划表（2）"，如图3.34所示．

| 三季度采购计划表 | 二季度采购计划表 | 一季度采购计划表 | 三季度采购计划表 (2) |

图3.34 工作表备份结果图

6．查找与替换

查找与替换是 WPS 办公软件中通用的操作，在 WPS 表格中的"查找与替换"操作与 WPS 文字的"查找与替换"类似，主要方便用户针对某些关键字或词快速查找与定位。具体操作如下。

步骤1 打开"公司采购计划表.et"工作表，将光标放于表格内任意单元格，单击"开始 | 查找选择"按钮，从该按钮的下拉列表（见图3.35）中，选择"查找"命令。

图3.35 查找或替换命令选择

步骤2 在"查找"对话框中单击"查找"标签，在图3.36所示的"查找"选项卡中，添加查找的内容，如本案例中，查找的内容为"半成品"。

图3.36 "查找"选项卡

步骤3 单击"查找下一个"按钮，即可得到图3.37所示的查找结果。

图3.37 "查找"结果显示

步骤4 继续单击"查找下一个"按钮，可查找到本工作表中下一个含有文字为"半成品"的单元格。

步骤5 单击"查找全部"按钮，可以找出当前工作表中所有含有文字"半成品"的单元格，如图 3.38 所示。

图 3.38 查找全部结果

步骤6 单击"查找"选项卡右侧的"选项"按钮 选项(T) << ，打开"高级搜索"项，如图 3.39 所示。

图 3.39 "查找"选项卡高级搜索

步骤7 单击"工作表"选项，将其换为"工作簿"，再单击"查找全部"按钮，可以查出整个工作簿中所有工作表里含有 "半成品"文字的单元格。如图 3.40 所示。

图 3.40 高级查找全部结果

步骤 8　选择"替换"标签，则进入"替换"选项卡，如图 3.41 所示。

图 3.41　"替换"选项卡

步骤 9　输入查找内容为"袋"，替换为"盒"，表示将工作表中文字 "袋"替换为文字"盒"。

步骤 10　单击"全部替换"按钮，可将工作中所有的"袋"替换为"盒"，而如果单击"替换"按钮，则一次只替换一个，用户需要单击多次"替换"按钮才可将工作表中所有的"袋"全部替换。

【技能提升】

1．添加批注

批注的作用主要是对某个单元格进行文字性的说明和注解，在 WPS 表格中，可以通过插入批注来对单元格添加注释。可以编辑批注中的文字，也可以删除不再需要的批注。

如为采购材料中的"原材料 1"添加批注，批注的内容为"产地：上海"，操作步骤如下。

步骤 1　打开"公司采购计划表.et"文件，单击需要添加批注的单元格，也就是"原材料 1"所在的单元格 B4。

步骤 2　单击"审阅 | 新建批注"选项卡图标 ，弹出图 3.42 所示的新建批注内容编辑对话框。

步骤 3　在批注的编辑对话框中，输入批注的内容"产地：上海"，然后单击右边的"确定"按钮，即可完成批注的添加。用同样的方式给"原材料 2"添加批注"产地：广州"。

步骤 4　当批注添加完成后，该单元格的右上角将出现一个红色的三角形图标 原材料 1 ，移动光标至该单元格，可以从弹出的提示窗口中，查看批注的内容，如图 3.43 所示。

图 3.42　新建批注的编辑对话框

图 3.43　批注添加完毕的效果图

步骤 5　添加完的批注，如果需要修改，则可以通过右键单击"批注"所在单元格，选择"审阅 | 编辑批注"命令，即可对已经编辑好的批注进行修改。

步骤 6　选择需要删除批注的单元格，选择"审阅 | 删除批注"命令，则可以直接删除

此单元格内编辑好的批注。

2．数据有效性

数据有效性主要规范单元格内容，可以对单元格或单元格区域内输入的数据起到纠错和限制的作用，即对于符合条件的数据，允许输入，不符合条件的数据，禁止输入。设置数据有效性后，可以检查数据类型、格式是否正确，也能避免重复输入数据。

对采购计划表中"采购量"内容设置表格数据规范，并设置输入错误数据时的提示警示信息。操作步骤如下。

步骤 1　选择 J4:J11 单元格区域，选择"数据 | 有效性"命令，打开"数据有效性"对话框。

步骤 2　在"有效性条件"栏的"允许"下拉列表框中选择"整数"选项，在"数据"下拉列表框中选择"不等于"选项，在出现的"数值"文本框中输入"0"，如图 3.44 所示。

步骤 3　单击"出错警告"选项卡，在"样式"下拉列表框中选择"停止"选项，在"标题"文本框中输入文字"输入数据错误"，在"错误信息"文本框中输入文字"采购数量需为非 0 整数！"，如图 3.45 所示，单击"确定"按钮完成设置。

图 3.44　设置数据有效性　　　　图 3.45　设置停止警告

步骤 4　在 J4 单元格内输入 0 或小数或其他字符，按回车键后将打开提示对话框，显示设置的出错警告信息，单击"重试"按钮可重新输入数据，单击"取消"按钮可取消输入，如图 3.46 所示。

图 3.46　提示停止警告

3．条件格式

工作表中的重要数据常需要突出显示。一般情况下，可通过设置单元格格式的方式实现，但此方法容易导致单元格漏选、错选，或为相同类型的数据设置不同类型的格式等情况，从而影响制表速度，使工作效率严重降低。

利用条件格式功能，就可将满足条件的单元格以较醒目的方式显示。同一单元格或单元区域中，可设置多个条件格式，便于对不同价位的单价进行标记。

使用底纹颜色对采购计划表中"采购报价"标记不同价位的单价。操作步骤如下。

步骤1 选择 K4:K11 单元格区域，选择"开始 | 格式 | 条件格式"命令，如图 3.47 所示，打开"条件格式"对话框。

图 3.47 "条件格式"命令

步骤2 设置条件（1）的条件为"单元格数值，小于，100"，单击"格式..."按钮，打开"单元格格式"对话框，单击"图案"选项卡，设置底纹颜色为"浅青绿"，确认设置后返回"条件格式"对话框，如图 3.48 所示。

图 3.48 设置条件（1）

步骤3 单击"添加"按钮，添加条件（2），设置条件（2）的条件为"单元格数值，介于，100，120"，单击"格式"按钮，打开"单元格格式"对话框，使用相同的方法设置底纹颜色为"浅黄"，确认设置后返回"条件格式"对话框，如图 3.49 所示。

图 3.49 设置条件（2）

步骤4 使用相同的方法，添加条件（3），设置条件为"单元格数值，大于，120"，格式为"图案颜色，茶色"，如图 3.50 所示。

图 3.50 设置条件（3）

步骤5 单击"确定"按钮确认设置，返回工作表，所选单元格区域中符合条件的单元格都将自动应用设置后的格式，效果如图 3.51 所示。

采购量	采购报价	备　注
100	￥120.00	
80	￥140.00	
50	￥125.00	
100	￥135.00	
75	￥85.00	
120	￥115.00	
100	￥75.00	
100	￥125.00	

图 3.51 设置多重条件格式后的效果

设置条件格式后，若不需要这种格式，可将其删除，在"条件格式"对话框中单击"删除"按钮，打开"删除条件格式"对话框，单击选中要删除的条件对应的复选项，然后选择"确定"按钮即可，如图 3.52 所示。

图 3.52 "删除条件格式"对话框

项目 2 制作"员工绩效考核表"

【项目描述】

Anne 被公司安排到了销售部做文员，经理让她制作本年度员工绩效考核表，要求做出公司员工本年的季度平均销售额、年度销售合计、销售任务完成率、工作态度评语、工作业绩评级以及员工销售排名。

（1）销售任务完成率是员工本年度总销售额与本年度任务额的一个完成比率，即：本年度总销售额/本年度任务额。

（2）工作态度评语：基于本年度销售业绩，按照销售任务完成情况，给出"优秀"和"一般"两种评语。

（3）工作业绩评级：是对业绩按完成比率给出 A、B、C 三种等级。

【技术分析】

本项目主要涉及 WPS 表格中公式与函数的应用，通过本项目的学习，了解公式与函数的基本操作，了解绝对地址与相对地址的区别，掌握 SUM()、AVERAGE()、IF()、MAX()、MIN()、SUMIF()、RANK()、COUNTIF()等函数的操作过程及相关参数的含义，能根据实际应用情况，合理地选择公式或函数解决实际问题。

【项目实施】

选择"WPS 表格 | 文件 | 打开"命令，在"打开"对话框中找到"员工绩效考核表.et"，或在文件窗口找到"员工绩效考核表.et"双击打开此文件。如图 3.53 所示。这里已经将员工本年度四个季度的销售基本数据预录进去了。

编号	姓名	部门	一季度销售额	二季度销售额	三季度销售额	四季度销售额	平均销售额	年度合计	任务完成率	评语	评级
				员工绩效考核表							
1	陈锐	营销一部	¥93,076.4	¥92,064.7	¥67,783.9	¥73,454.1					
2	邓超	营销二部	¥70,819.0	¥64,748.8	¥83,971.1	¥56,655.2					
3	杜海强	营销一部	¥88,678.6	¥91,596.7	¥83,971.1	¥88,897.9					
4	郭呈瑞	营销一部	¥73,854.1	¥54,631.8	¥83,971.1	¥83,974.1					
5	李琼	营销一部	¥76,889.2	¥59,690.3	¥83,971.1	¥71,596.7					
6	李全友	营销一部	¥88,017.9	¥56,655.2	¥83,971.1	¥68,748.8					
7	林晓华	营销一部	¥59,690.3	¥98,134.9	¥83,971.1	¥70,819.0					
8	刘红芳	营销二部	¥59,690.3	¥95,099.8	¥83,971.1	¥92,064.7					
9	刘梅	营销二部	¥91,053.0	¥79,100.9	¥83,971.1	¥100,170.0					
10	罗玉林	营销二部	¥57,900.9	¥53,620.1	¥63,971.1	¥24,690.3					
11	宋丹	营销一部	¥53,620.1	¥83,971.1	¥43,971.1	¥83,971.7					
12	宋科	营销二部	¥90,041.3	¥75,877.5	¥83,971.1	¥83,971.1					
13	宋万	营销一部	¥67,783.9	¥101,170.0	¥83,971.1	¥90,341.3					
14	孙洪伟	营销二部	¥84,982.8	¥79,924.3	¥83,971.1	¥63,854.1					
15	王超	营销一部	¥95,099.8	¥99,146.6	¥83,971.1	¥77,900.9					
本年度销售任务			¥346,500.0						长沙店优秀员工数		

图 3.53　员工绩效考核表.et

1．平均值及求和值的计算

在 WPS 表格中，函数是预设的公式，可以通过设置函数参数完成计算。在系统中提供了 AVERAGE() 与 SUM() 函数用于统计数据的平均值与合计值，这两个函数的使用格式如下。

格式：函数名(参数 1，参数 2，……)

步骤 1　单击 H3 单元格，然后在常用函数列表中，选择"平均值"项，如图 3.54 所示，即可在所选单元格内调出求平均值函数 AVERAGE()，在函数括号内的参数默认"D3:G3"（即四个季度的数据值）为函数计算数据，此处可以不必修改，如图 3.55 所示。

图 3.54　常用函数列表　　图 3.55　调用 AVERAGE 函数

按下回车键即可得到第一个人的"平均销售额"。向下拖动填充柄至 H17，复制公式至其他单元格中，统计其他员工的"平均销售额"。

步骤 2　单击 I3 单元格，然后在常用函数列表中选择"求和"项，即可在所选单元格内调出求和函数 SUM()，在函数参数括号内默认"D3:H3"为函数计算数据，此处数据不是实际所需数据，只需将"D3:H3"改为"D3:G3"，然后回车即可。向下拖动填充柄，复制公式至其他单元格中，统计其他员工的年度合计。其结果如图 3.56 所示。

	A	B	C	D	E	F	G	H	I
1					**员工绩效考核表**				
2	编号	姓名	部门	一季度销售额	二季度销售额	三季度销售额	四季度销售额	平均销售额	年度合计
3	1	陈锐	营销一部	￥93,076.4	￥92,064.7	￥67,783.9	￥73,454.1	￥81,594.8	￥326,379.1
4	2	邓超	营销二部	￥70,819.0	￥64,748.8	￥83,971.1	￥56,655.2	￥69,048.5	￥276,194.1
5	3	杜海强	营销一部	￥88,678.6	￥91,596.7	￥83,971.1	￥88,897.9	￥88,286.1	￥353,144.3
6	4	郭呈瑞	营销一部	￥73,854.1	￥54,631.8	￥83,971.1	￥83,974.1	￥74,107.8	￥296,431.1
7	5	李琼	营销一部	￥76,889.2	￥59,690.3	￥83,971.1	￥71,596.7	￥73,036.8	￥292,147.3
8	6	李全友	营销二部	￥88,017.9	￥56,655.2	￥83,971.1	￥68,748.8	￥74,348.3	￥297,393.0
9	7	林晓华	营销二部	￥59,690.3	￥98,134.9	￥83,971.1	￥70,819.0	￥78,153.8	￥312,615.3
10	8	刘红芳	营销二部	￥59,690.3	￥95,099.8	￥83,971.1	￥92,064.7	￥82,706.5	￥330,825.9
11	9	刘梅	营销二部	￥91,053.0	￥79,100.9	￥83,971.1	￥100,170.0	￥88,573.8	￥354,295.0
12	10	罗玉林	营销二部	￥57,900.9	￥53,620.1	￥63,971.1	￥24,690.3	￥50,045.6	￥200,182.4
13	11	宋丹	营销一部	￥53,620.1	￥83,971.1	￥43,971.1	￥83,971.7	￥66,383.5	￥265,534.0
14	12	宋科	营销一部	￥90,041.3	￥75,877.5	￥83,971.1	￥83,971.1	￥83,465.3	￥333,861.0
15	13	宋万	营销一部	￥67,783.9	￥101,170.0	￥83,971.1	￥90,341.3	￥85,816.6	￥343,266.3
16	14	孙洪伟	营销二部	￥84,982.8	￥79,924.3	￥83,971.1	￥63,854.1	￥78,183.1	￥312,732.3
17	15	王超	营销一部	￥95,099.8	￥99,146.6	￥83,971.1	￥77,900.9	￥89,029.6	￥356,118.4

图 3.56　SUM()、AVERAGE()函数计算结果图

2. 绝对引用和相对引用

单元格的引用分为相对引用和绝对引用。

相对引用：指公式所在单元格与引用单元格的相对位置。这种情况下，复制、填充公式和函数时，引用的单元格地址会相应地进行更新。

绝对引用：在有的情况下，复制和填充公式时，引用的单元格地址不能进行更新，必须使用原地址，即绝对地址。这时就要使用绝对引用，指公式所在单元格与引用单元格的绝对位置。只需将相对地址的行号或列号前加上"$"符号，即可使地址中的行号或列号不变，如"$A1"表示只有行号可变，"A$1"表示只有列号可变，"$A$1"表示行号列号都不可变。

"任务完成率"的计算："任务完成率"是计算员工本年度是否完成指定的任务指标，公式为：本年度合计/本年度销售任务。下面利用绝对引用完成"任务完成率"的计算。

选择 J3 单元格，输入"=I3/D18"，按下回车键得到第一个人的"任务完成率"，如果其余员工的"任务完成率"用填充柄来实现的话，就需要用绝对地址，不然计算就会出错，此时只需将刚才的公式改为"=I3/$D$18"，再使用填充柄向下填充就可以正确地计算出其他员工的"任务完成率"，如图 3.57 所示。

fx	=I3/$D$18	
合计	**任务完成率**	**评**
,379.1	94.2%	
,194.1	79.7%	
,144.3	101.9%	
,431.1	85.6%	
,147.3	84.3%	

图 3.57　绝对地址的使用

3．IF 函数的使用

（1）IF()函数。执行真假值判断，根据逻辑计算的真假值，返回不同结果。语法为 IF(logical_test,value_if_true,value_if_false),其中 logical_test 表示计算结果为 true 或 false 的任意值或表达式。

本项目中，需针对公司员工的任务完成情况，对其工作态度给出"优秀"和"一般"两种评价，如果能完成或超出年度任务的，则给出"优秀"评语，不能完成年度任务的，则给出"一般"评语。这里可以利用 IF 函数来进行判断，以"任务完成率"是否大于 100%为判断条件，由条件的"真""假"给出"优秀"和"一般"两种结果。具体操作如下。

步骤 1　选择 K3 单元格，在编辑栏中单击"插入函数"按钮 *fx*，打开"插入函数"对话框，从常用函数中选择 IF()函数，弹出 IF ()函数的参数设置对话框，如图 3.58 所示。

图 3.58　IF()函数的参数设置对话框

步骤 2　在图 3.58 所示的对话框中，设置 IF()函数的"测试条件"为"J3＞＝100%"，判断该员工是否完成本年度任务，在"真值"栏中设置返回值为"优秀"，在"假值"栏中设置返回值为"一般"。

步骤 3　单击"确定"按钮得到 IF ()函数的返回值，即在 K3 单元格内得到对第一个员工的工作态度的评语。得到 K3 单元格的公式为"=IF(J3>=100%,"优秀","一般")"。

步骤 4　向下拖动填充柄，将 IF()函数公式填充至其他单元格中，得到其他员工的工作态度的评语，结果如图 3.59 所示。

十	任务完成率	评　语	评　级
1	94.2%	一般	
1	79.7%	一般	
3	101.9%	优秀	
1	85.6%	一般	
3	84.3%	一般	
0	85.8%	一般	

图 3.59　调用 IF()函数得到员工评语结果图

（2）IF()函数嵌套。设置函数参数时，将参数设置为另一个函数，这样的函数称为嵌套函数。嵌套函数可以使当前单元格同时满足多个条件。

本项目中要求对员工工作业绩进行评级：按业绩完成比例给出 A、B、C 三种等级，其中任务完成者为 A 级，任务完成不足 60%的为 C 级，其他的为 B 级。这里存在多个条件，所以我们采用 IF()函数嵌套来实现。具体操作如下。

步骤 1 首先选择 L3 单元格，按前面的方式用 IF()函数对话框先完成"IF(J3>=100%,"A","B")"，即测试条件为 J3>=100%，条件为"真"得出结果为"A"，条件为"假"得出结果为"B"，如图 3.60 所示。

图 3.60 IF()函数参数设置对话框

步骤 2 这时仅能判定两种结果"A"或"B"，我们必须将"B"再次分成两种结果，即测试条件 J3>=100%为假时，再判断 J3 是否大于 60%，可以得出"B"和"C"两种结果。故我们将"假值"一栏改为 IF(J3>=60%,"B","C")，如图 3.61 所示。

图 3.61 IF()函数的嵌套

步骤 3 单击"确定"按钮得到 IF()嵌套函数的返回值，即在 L3 单元格内得到对第一个员工工作业绩的评级结果。

步骤 4 向下拖动填充柄，将 IF()嵌套函数公式填充至其他单元格中，得到其他员工工作业绩的评级结果，结果如图 3.62 所示。

销售额	年度合计	任务完成率	评 语	评 级
1,594.8	¥326,379.1	94.2%	一般	B
9,048.5	¥276,194.1	79.7%	一般	B
8,286.1	¥353,144.3	101.9%	优秀	A
1,107.8	¥296,431.1	85.6%	一般	B
8,036.8	¥292,147.3	84.3%	一般	B
1,348.3	¥297,393.0	85.8%	一般	B
8,153.8	¥312,615.3	90.2%	一般	B
2,706.5	¥330,825.9	95.5%	一般	B
8,573.8	¥354,295.0	102.2%	优秀	A
0,045.6	¥200,182.4	57.8%	一般	C
6,383.5	¥265,534.0	76.6%	一般	B

图 3.62　利用 IF()嵌套得到员工业绩评组效果图

4．统计函数 COUNT()，COUNTIF ()

COUNT 函数和 COUNTIF 函数在数据汇总统计分析中是非常有用的函数。

COUNT()函数可以用来统计指定区域内单元格的个数，如果参数是一个数组或引用，那么只统计数组或引用中的数字；数组中或引用的空单元格、逻辑值、文字或错误值都将被忽略。

公式为＝ COUNT（参数 1，参数 2，…，参数 N）

比如：在本项目中可以统计年度合计的个数，函数代码为 COUNT(I3:I17)。

COUNTIF()：函数的功能是计算给定区域内满足特定条件的单元格的数目。

公式为＝ COUNTIF（range，criteria）

Range——需要计算其中满足条件的单元格数目的单元格区域；

Criteria——确定哪些单元格将被计算在内的条件，其形式可以为数字、表达式或文本。

本项目中我们用 COUNTIF()来统计优秀员工数。具体操作如下：

步骤 1　首先选择 K18 单元格，在编辑栏中单击"插入函数"按钮，打开"插入函数"对话框，从常用函数中选择 COUNTIF()函数，弹出 COUNTIF 函数的参数设置对话框，如图 3.63 所示。

图 3.63　COUNTIF()函数的参数设置对话框

步骤2 在图 3.63 所示的对话框中，设置 COUNTIF() 函数的"区域"为"K3:K17"，设置需要统计个数的单元格区域，在"条件"栏中设置判断条件为"优秀"。

步骤3 单击"确定"按钮得到 COUNTIF() 函数的返回值，即在 K18 单元格内统计出员工中评语被评定为"优秀"的员工的人数。

步骤4 将完成的工作表以原文件名存盘。

【知识拓展】

1．运算符的基础知识

WPS 表格中将运算符分为三类，分别为算术运算符、字符连接符和关系运算符，使用公式或函数运算时，一般通过这些运算符连接操作数或操作单元格编号进行运算。

☞ **算术运算符**

算术运算符是用户平时使用最为广泛的一种运算符，这种运算符主要包含加、减、乘、除、取余数、指数幂运算及括号，即 +、-、*、/、%、^、()。

☞ **字符连接符**

字符连接符比较少，一般只通过"&"连接相关字符，如=A1&B1，表示连接 A1 单元格中的文字与 B1 单元格中的文字。

☞ **关系运算符**

关系运算符主要含有等于、不等于、大于、大于或等于、小于、小于或等于，即=、<>、>、>=、<、<=，用户在实际应用中，可根据需要选择不同的运算符进行运算。

2．公式与函数使用注意事项

☞ **公式或函数的使用步骤**

为了合理地应用公式或函数，在使用过程中，一般遵循如下步骤。

（1）选择存放结果的单元格。

（2）输入等号。

（3）选择函数。

（4）设置函数的相应参数。

（5）单击"确定"按钮。

（6）查看结果。

通过这样一个使用步骤，可以方便、快捷地得到运算后的结果。

☞ **公式运算**

公式的运算一般由运算符和操作数组成，运算符就是上述提及的三类运算符，而操作数包含的对象比较广泛，如单元格编号、数字、字符、区域名编号、区域、函数等，具体的使用格式如图 3.64 所示。

图 3.64 公式使用格式样例

3．最大值、最小值的计算

在 WPS 表格中，系统提供了 MAX() 与 MIN() 函数分别统计某数据区域的最大值与最小值，这两个函数的使用格式如下。

格式：函数名（数据范围）

在 N2 单元格内输入文字"年度合计最大值"，单击 N3 单元格，在编辑栏输入=MAX(I3:I17)，按下回车键，在 N3 单元格内统计出年度合计最大值，如图 3.65 所示。

在 O2 单元格内输入文字"年度合计最小值"，单击 O3 单元格，在编辑栏输入=MIN(I3:I17)，按下回车键，在 O3 单元格内统计出年度合计最小值，如图 3.65 所示。

	N3		f_x		=MAX(I3:I17)		
	I	J	K	L	M	N	O
1							
2	年度合计	任务完成率	评 语	评 级	排名	年度合计最大值	年度合计最小值
3	￥326,379.1	94.2%	一般	B	7	356118.4	200182.4
4	￥276,194.1	79.7%	一般	B	13		
5	￥353,144.3	101.9%	优秀	A	3		

图 3.65　MAX() 与 MIN() 函数效果图

【技能提升】

1．条件求和计算

条件求和是 WPS 表格提供的高级应用，该函数使用的时候相对较复杂、抽象，其使用格式如下。

格式：SUMIF（条件范围，条件，求和范围）。

其中"条件"是限制要求，一般按照某一类进行限制求和。

由"条件"直接就决定了"条件范围"，"条件"所在的列就是"条件范围"。

"求和范围"表示最后统计的求和对象所在的行列。

例如：统计"员工绩效考核表.et"工作表中"营销一部"的本年度销售之和。

本例是求"营销一部"的所有员工本年度销售额之和，因此"条件"应为"营销一部"，而"营销一部"是在"部门"这一列，因此，使用 SUMIF() 函数时，其"条件范围"应为"部门"这一列，即 C3：C17。由于是统计"年度合计"这一列的数据之和，所以，求和范围为"年度合计"，即 I3:I17 单元格。具体操作过程如下。

步骤 1　在 P2 单元格输入"营销一部合计"文字内容，移动光标至 P3 单元格。单击编辑栏的"插入函数"按钮，在"插入函数"对话框内的"查找函数"输入框中输入"SUMIF"，然后在"选择函数"窗格内选择 SUMIF() 函数，单击"确定"按钮，弹出图 3.66 所示的对话框，设置 SUMIF() 函数的相关参数。

图 3.66　条件求和函数 SUMIF()的设置对话框

步骤 2　在弹出的对话框中，"区域"栏表示 SUMIF()函数的条件区域，本案例中，由于"营销一部"位于"部门"列，因此，"区域"栏应设置为"C3:C17"。

"条件"栏设置为"营销一部"，因为统计的是营销一部的本年度销售额之和。

"求和区域"设置的是参加求和的范围，在本项目中，要求统计的是"年度合计"，因此，求和范围为"I3:I17"。

步骤 3　单击"确定"按钮，即可得到营销一部的本年度销售额之和。

2．排名函数

排名计算是针对某列数值按照大小顺序进行排序，WPS 表格提供了一个 RANK()函数，可以完成相应的操作，其作用是返回一个数字在数字列表中相对于其他数值的大小排位。

在本例中，按年度销售额对员工业绩做个排名，具体操作过程如下。

步骤 1　在 M2 单元格中输入文字"排名"，选择 M3 单元格，单击编辑栏的"插入函数"按钮，在"插入函数"对话框内的"查找函数"输入框中输入"RANK"，然后在"选择函数"窗格内选择 RANK()函数，单击"确定"按钮，弹出图 3.67 所示的对话框，设置 RANK()函数的相关参数。

图 3.67　排名函数 RANK()设置窗口

"数值"表示参加排序的某个单元格数值，在本项目中，由于要求按年度销售额进行业绩排名，因此，实现排序的依据为"年度合计"。故"数值"栏为员工"陈锐"的"年度合计"对应的单元格 I3。

"引用"栏表示排名的数值范围，也就是针对哪一列数值进行排名，本项目的排名范围为

I3:I17。考虑到拖动填充柄时，引用范围会随着填充单元格的位置变化而相应地变化，而本例中该数值范围无须变化，因此需要在 I3:I17 前添加"$"，使得该单元格地址变成绝对地址，所以"引用"栏的地址应为"$I$3: $I$17"（字母和数字前均要添加"$"符号）。

"排位方式"分为升序和降序，其中 0 或默认表示为降序，而非零值表示升序。在本项目中设置为降序，因此排序方式的值为"0"。

步骤2 单击"确定"按钮，即可得到当前单元格在此引用范围内的排名结果。

步骤3 拖动填充柄，将 RANK()函数的使用复制到其他单元格中，得到其他员工的排名情况，结果如图 3.68 所示。

年度合计	任务完成率	评 语	评 级	排名
326, 379.1	94.2%	一般	B	7
276, 194.1	79.7%	一般	B	13
353, 144.3	101.9%	优秀	A	3
296, 431.1	85.6%	一般	B	11
292, 147.3	84.3%	一般	B	12
297, 393.0	85.8%	一般	B	10
312, 615.3	90.2%	一般	B	9
330, 825.9	95.5%	一般	B	6
354, 295.0	102.2%	优秀	A	2
200, 182.4	57.8%	一般	C	15
265, 534.0	76.6%	一般	B	14
333, 861.0	96.4%	一般	B	5

图 3.68 按年度销售额排名情况

项目 3 分析"客户订单表"

【项目描述】

经理找到销售部的 Anne，给了她一份"客户订单表"，如图 3.69 所示，要求她以这份订单做一份分析报告。

客户订单表					
订单编号	客户姓名	所在城市	订单总额（元）	其他费用（元）	预付（元）
tc05001	王文辉	杭州	67787.4	1674	33893.7
tc05003	张磊	上海	514414.9	2749	257207.45
tc05004	郝心怡	成都	70140.3	1203	35070.15
tc05006	王力	成都	96464.5	1445	48232.25
tc05008	孙芙	上海	111649.8	3498	55824.9
tc05011	张在旭	上海	77998.5	4785	38999.25
tc05014	金翔	杭州	394.7	3047	197.35
tc05016	扬海东	成都	145978.6	986	72989.3
tc05018	黄立	北京	373659.5	4195	186829.75
tc05019	王春晓	杭州	202569.8	2498	101284.9
tc05022	陈松	北京	119487.4	3574	59743.7
tc05024	姚林	上海	98987.5	3875	49493.75

图 3.69 客户订单表

Anne 觉得先要对这个"客户订单表"做一些详细的数据分析，才能写好这份分析报告，于是她决定对"客户订单表"做一些排序、分类汇总、创建图表、筛选等操作。

【技术分析】

本项目中主要涉及的内容是 WPS 表格中的数据管理和分析，主要用到排序、分类汇总、创建图表、筛选等功能。通过该项目的学习，熟悉这些操作的基本流程，掌握排序、分类汇总、图表创建及筛选等常用的数据管理和分析操作。深刻理解各操作的作用及含义，能根据实际应用，合理选择相关的数据管理操作，解决实际应用问题。

【项目实施】

数据的管理是 WPS 表格的重点，是对数据进行相关操作，排序、筛选、分类汇总等操作均是实际应用中常见的操作，可有效地帮助用户解决实际问题。

1．排序

步骤1　选择"客户订单表"中的 A2:F14 单元格（注意：要选择整个表格，包括表头，标题文字不选）。

步骤2　单击"开始 | 排序 | 自定义排序"命令，弹出图 3.70 所示的对话框，选择图中下方的"有标题行"方式。

步骤3　在其中的"主关键字"下拉列表中选择"所在城市"字段作为排序的主关键字。

步骤4　在"次要关键字"下拉列表中选择"订单总额"字段作为排序的次要关键字，再选择右边的排序方式为"降序"，如图 3.71 所示。

图 3.70　自定义排序主关键字设置　图 3.71　自定义排序次关键字设置

实现了先以"所在城市"排序，然后同城市的订单再按"订单总额"从高到低排序。

步骤5　设置完"排序"选项后，单击"确定"按钮，即可完成排序操作，效果如图 3.72 所示。

订单编号	客户姓名	所在城市	订单总额（元）	其他费用（元）	预付（元）
tc05018	黄立	北京	373659.5	4195	186829.75
tc05022	陈松	北京	119487.4	3574	59743.7
tc05016	扬海东	成都	145978.6	986	72989.3
tc05006	王力	成都	96464.5	1445	48232.25
tc05004	起心怡	成都	70140.3	1203	35070.15
tc05019	王春晓	杭州	202569.8	2498	101284.9
tc05001	王文辉	杭州	67787.4	1674	33893.7
tc05014	金翔	杭州	394.7	3047	197.35
tc05003	张喜	上海	514414.9	2749	257207.45
tc05008	孙英	上海	111649.8	3498	55824.9
tc05024	姚林	上海	98987.5	3875	49493.75
tc05011	张在旭	上海	77998.5	4785	38999.25

图 3.72　按"部门"字段进行排序的效果图

2．分类汇总管理数据

分类汇总：指将数据按设置的类别进行分类，同时对汇总的数据进行求和、计数或乘积等统计。使用"分类汇总"选项，不需要创建公式，系统将自动创建公式，并对数据清单的某个字段进行诸如"求和""计数"之类的汇总函数，实现对分类汇总值的计算，而且将计算结果分级显示出来。

注意　**分类汇总前，必须对所选字段进行排序，否则将不能正确地进行分类汇总。**

因为前面的操作已经对"客户订单表"进行了排序，故这里可以直接进行分类汇总操作。具体步骤如下。

步骤1　选择"客户订单表"中的 A2:F14 单元格，单击"数据 | 分类汇总"命令，弹出图 3.73 所示的对话框。

图 3.73　"分类汇总"对话框

步骤2　在图 3.73 所示的对话框中，设置分类汇总的相关参数。分类字段表示按照那个字段进行分类汇总的结果，本项目按照"所在城市"字段；汇总方式一般有求和、求平均值、最大值、最小值、计数等方式，本项目要求求和，因此，选择"求和"项；汇总项是选择针对哪些数据进行汇总，本项目主要针对"订单总额""其他费用""预付"进行汇总，故给这三项前打上钩。

步骤3　设置完毕后，单击"确定"按钮，即已完成分类汇总的操作，效果如图 3.74 所示。

1 2 3		A	B	C	D	E	F
	1			客户订单表			
	2	订单编号	客户姓名	所在城市	订单总额（元）	其他费用（元）	预付（元）
	3	tc05018	黄立	北京	373659.5	4195	186829.75
	4	tc05022	陈松	北京	119487.4	3574	59743.7
	5			北京 汇总	493146.9	7769	246573.45
	6	tc05016	扬海东	成都	145978.6	986	72989.3
	7	tc05006	王力	成都	96464.5	1445	48232.25
	8	tc05004	蕊心怡	成都	70140.3	1203	35070.15
	9			成都 汇总	312583.4	3634	156291.7
	10	tc05019	王春晓	杭州	202569.8	2498	101284.9
	11	tc05001	王文捷	杭州	67787.4	1674	33893.7
	12	tc05014	金翔	杭州	394.7	3047	197.35
	13			杭州 汇总	270751.9	7219	135375.95
	14	tc05003	张磊	上海	514414.9	2749	257207.45
	15	tc05008	孙茉	上海	111649.8	3498	55824.9
	16	tc05024	姚林	上海	98987.5	3875	49493.75
	17	tc05011	张东旭	上海	77998.5	4785	38999.25
	18			上海 汇总	803050.7	14907	401525.35
	19			总计	1879532.9	33529	939766.45

图 3.74　分类汇总效果图

说明：图左上角的数字"1，2，3"表示汇总方式分为 3 级，分别为 1 级、2 级与 3 级，用户可以单击左边的收缩按钮 ⁻ 将下方的明细数据进行隐藏，也就是只显示汇总后的结果值。如果单击左边的第 2 级下方的三个收缩按钮，则可把各城市的订单明细全部隐藏，同时左边的 ⁻ 变成了 ⁺，如图 3.75 所示。

1 2 3		A	B	C	D	E	F
	2	订单编号	客户姓名	所在城市	订单总额（元）	其他费用（元）	预付（元）
+	5			北京 汇总	493146.9	7769	246573.45
+	9			成都 汇总	312583.4	3634	156291.7
+	13			杭州 汇总	270751.9	7219	135375.95
+	18			上海 汇总	803050.7	14907	401525.35
-	19			总计	1879532.9	33529	939766.45

图 3.75　收缩明细效果图

移除分类汇总：如果不需要当前的分类汇总了，可以单击"数据 | 分类汇总"命令，在弹出的图 3.73 所示的对话框中单击"全部删除"按钮 全部删除(R) 。

3．自动筛选

在上面的操作中，Anne 完成了排序和分类汇总，但是她觉得对订单的数据分析还不够透彻，于是她决定进一步分析数据，移除分类汇总值后，进行自动筛选操作，具体操作如下。

步骤 1　选择"客户订单表"中的 A2:F14 单元格，单击"数据 | 自动筛选"命令，进入数据自动筛选状态，这时表格表头行的所有单元格右侧均出现下拉按钮，如图 3.76 所示。

	A	B	C	D	E	F
				客户订单表		
	订单编号 ▼	客户姓名 ▼	所在城市 ▼	订单总额（元）▼	其他费用（元）▼	预付（元）▼
	tc05018	黄立	北京	373659.5	4195	186829.75
	tc05022	陈松	北京	119487.4	3574	59743.7
	tc05016	扬海东	成都	145978.6	986	72989.3

图 3.76　自动筛选的下拉按钮

步骤 2　单击"所在城市"列的下拉按钮，弹出一个下拉窗口，将光标移到"北京"处，则"北京"右侧自动出现"仅筛选此项"，如图 3.77 所示，单击"仅筛选此项"，则自动筛选出北京的所有订单，其他城市数据则被暂时隐藏。筛选效果图如图 3.78 所示。

图 3.77　自动筛选设置窗口　　　　图 3.78　筛选结果

如果想放弃当前筛选结果，只需单击 "数据 | 全部显示"按钮 全部显示 即可。

步骤 3　如果想筛选出"订单总额"前五个最大值，则需要对"订单总额"设置自动筛选条件。单击"订单总额"列的下拉按钮，从弹出的下拉列表的左下角，单击"前十项"即可弹出图 3.79 所示的对话框，在此对话框中设置"显示"为"最大"，前"5 项"。

在此对话框中，也可设置显示方式为"最小"，那么显示的是最后 5 项最小值。当然也可以把最后的"项"改成"百分比"，则表示按照总数的百分比显示对应的结果。

步骤 4　单击图 3.79 的"确定"按钮后，即可得到筛选后的结果，如图 3.80 所示。

图 3.79 "自动筛选前 5 项"设置对话框

图 3.80 自动筛选前 5 项效果图

步骤5 还可以将"预付"款中的数据，筛选出 10 万以上的数据。清除前一次筛选结果后，单击"预付（元）"列的下拉按钮，从弹出的下拉列表右上角，选择"数字筛选 | 大于"命令，打开"自定义自动筛选方式"对话框，如图 3.81 所示，在"大于"后的文本框内输入"100000"即可得到 10 万以上的数据项，如图 3.82 所示。

图 3.81 "自定义自动筛选方式"对话框

图 3.82 自动筛选 10 万以上数据效果图

关闭自动筛选：如果不需要进行自动筛选，可以关闭自动筛选功能，只需和打开此功能时一样操作，单击"数据 | 自动筛选"命令，即可关闭自动筛选功能。

4．图表的制作

图表的创建主要是为了更加形象地比较变量或参数在整个表格中的数据变化趋势。通常创建图表的步骤如下。

步骤1 选择需要制作图表的数据区。选择"客户订单表"中的 A2:A14，在按下 Ctrl 键的同时选择 D2:F14 数据区域（按下 Ctrl 键的目的是选择不连续的单元格区域）。

步骤2 单击"插入 | 图表"命令，弹出图 3.83 所示的对话框，在此对话框中设置创建图表的基本选项。

图 3.83 "图表类型"对话框

步骤3 在"图表类型"列表框中选择"柱形图"选项中的"簇状柱形图"，在"配色方案"中选择第一行第一个，如图 3.84 所示。

图 3.84　选择"簇状柱形图"

步骤 4　单击图中的"下一步"按钮，进入数据源区域的选择对话框，如果开始用户选择数据区域有误，在此对话框中，可以重新修改数据源区域的选择。

步骤 5　数据选择无误后，单击"下一步"按钮，进入图表选项设置对话框，如图 3.85 所示。在此对话框中，可以设置图表的标题、X 或 Y 轴标题、网格线、图例等选项。

图 3.85　图表选项的设置

步骤 6　单击"标题"标签，设置图表标题为"客户订单分析图"。

步骤 7　单击"网格线"标签，添加 X 轴的主网格线，设置效果如图 3.86 所示。

图 3.86　网格线的设置

步骤 8 单击"图例"标签，设置图例"靠上"显示，效果如图 3.87 所示。

图 3.87 "图例"选项的设置

步骤 9 单击"数据标志"标签，勾选"值"选项，如图 3.88 所示。

图 3.88 "数据标志"的设置

步骤 10 当所有选项均已设置完毕后，单击图中的"确定"按钮，即可在工资表中显示创建后的图表结果，如图 3.89 所示。

图 3.89 创建图表的效果图

步骤 11 双击图 3.89 中有横竖网络线的背景区域（注意，不要点到线条上。也可通过右键菜单中的"绘图区格式"命令选择背景区域），弹出图 3.90 所示的"绘图区格式"对话框，用户可根据个人喜好或实际需要，设置不同颜色的背景。

图 3.90　绘图区颜色的设置

步骤 12　本项目选择"浅绿色"填充背景颜色，选择后单击"确定"按钮，即可得到设置后的效果，如图 3.91 所示。

图 3.91　绘图区颜色改变后的效果图

【知识拓展】

1．排序技巧

WPS 表格中提供了多种数据排序功能，用户可以对表格中的数据进行各种排序，如对行排成升序或降序、对列排成升序或降序。也可设置行列排序的方式，按照字母、数值、笔画等方式升序、降序排列。

☞　**按照字母排序**

WPS 表格提供的排序可以按照关键字发音的字母进行升降序排列，升序则表示按照 a、b、c、d……顺序排列，而降序则反过来。

☞　**按照笔画排序**

按照笔画排序也是排序操作的一个重要方式，这种排序方式主要针对汉字类的字段，如果是数值类的字段则不能达到预期效果。比如订单表中可以按照"客户姓名"或者"所在城市"字段进行笔画排序，而针对"订单总额"不能按照笔画排序，原因是"订单总额"列对应的是数值，数值是不分笔画的。具体操作过程如下。

步骤 1　打开"客户订单表.et"，选择 A2:F14 单元格。

步骤 2　单击"开始|排序|自定义排序"命令，弹出"排序"对话框，如图 3.92 所示。

步骤 3　选择"有标题行"的列表方式，然后在主关键字下选择"客户姓名"字段，并设置为升序排列。

步骤4 单击"排序对话框"中的"选项…"按钮，在弹出的"排序选项"对话框中（见图3.93），设置排序方式为按照笔画排序，单击"确定"按钮。

图 3.92　"排序"对话框

图 3.93　"排序选项"对话框

步骤5 单击图 3.93 中的"确定"按钮，即可查看排序后的效果。

2．图表类型

图表是一种分析表格数据的图示，与二维表格数据相比，图表更能反映和判断不同数据之间的关系。在 WPS 表格中，图表包含多种类型，如柱形图、条形图、折线图、饼图、散点图等，下面介绍几种常用的图表类型。

柱形图和条形图： 柱形图和条形图都由长方形的数据系列构成，不同之处在于，柱形图的数据系列是垂直的，而条形图的数据系列是水平的。柱形图和条形图是 WPS 图表中使用频率最高的图表类型，在图表中每个数据系列都紧挨在一起，且每个数据系列都用不同的颜色进行区分，能够直观地查看和比较数据。常用的柱形图和条形图中，簇状、三维簇状等子类型图表的使用率较高，图 3.94 所示为柱形图中的簇状柱形图。

图 3.94　簇状柱形图

折线图： 折线图主要由点和线构成。其中，点表示数据在图表中的位置（即在 y 轴对应的数值），线表示相邻两个数据之间的走向（即数据是涨幅还是跌幅）。折线图通常用于对不同期间某一种类型的数据大小进行比较。图 3.95 所示为折线图中的"数据点折线图"。

图 3.95　数据点折线图

饼图：用于表示某部分的数额和在总数量中所占百分比，如图 3.96 所示。默认创建的饼图中，并不会包含各部分的值和所占百分比，必须在图表选项上选择"数据标志"，在"数据标志"选项卡中单击选中"值"和"百分比"复选项。

图 3.96　含有"值"和"百分比"的饼图

3．表格的打印页面设置

在 WPS 表格中，页面设置几乎是必用的一项功能，每次编辑完成后，都要进行页面设置，然后打印输出。

这里以"客户订单表"为例，介绍 WPS 表格如何进行打印页面设置，具体操作如下。

（1）打印页面基本设置。

步骤 1　单击"WPS 表格 | 打印预览"命令，打开"打印预览"界面，如图 3.97 所示。在这里我们可以对打印样式进行设定。

步骤 2　单击"打印"菜单栏中的"横向"按钮，设置纸张打印方向为横向，如图 3.98 所示。

图 3.97　"打印预览"界面

图 3.98　设置纸张打印方向为横向

步骤 3　在"打印预览"界面，单击"页面设置"按钮，打开"页面设置"对话框，单击"页边距"选项卡，选中"居中方式"中的"水平"和"垂直"复选项，如图 3.99 所示，设置本表格为打印在纸张的正中间，如图 3.100 所示。

图 3.99 "页面设置"对话框

图 3.100 设置居中后的效果图

步骤 4 在"页面设置"对话框中，单击"页面"选项卡，将"缩放比例"调整为 140%，单击"确定"按钮，效果如图 3.101 所示。

订单编号	客户姓名	所在城市	订单总额（元）	其他费用（元）	预付（元）
tc05001	王文辉	杭州	67787.4	1674	33893.7
tc05003	张鑫	上海	514414.9	2749	257207.45
tc05004	恭心怡	成都	70140.3	1203	35070.15
tc05006	王力	成都	96464.5	1445	48232.25
tc05008	孙英	上海	111649.8	3498	55824.9
tc05011	张在旭	上海	77998.5	4785	38999.25
tc05014	金翔	杭州	394.7	3047	197.35
tc05016	扬海东	成都	145978.6	986	72989.3
tc05018	黄立	北京	373659.5	4195	186829.75
tc05019	王春晓	杭州	202569.8	2498	101284.9
tc05022	陈松	北京	119487.4	3574	59743.7
tc05024	姚林	上海	98987.5	3875	49493.75

图 3.101 调整"缩放比例"效果图

（2）编辑窗口分页预览。

在"打印预览"界面的工具栏单击"分页预览"按钮 ▦（或在编辑界面右下角单击"分页预览"按钮 ▦），可以在表格编辑状态下看到打印效果，这样就可以在编辑时清楚地知道表格内容是否会超出当前页打印区，如图 3.102 所示。

	A	B	C	D	E	F
1			客户订单表			
2	订单编号	客户姓名	所在城市	订单总额（元）	其他费用（元）	预付（元）
3	tc05001	王文辉	杭州	67787.4	1674	33893.7
4	tc05003	张鑫	上海	514414.9	2749	257207.45
5	tc05004	恭心怡	成都	70140.3	1203	35070.15
6	tc05006	王力	成都	96464.5	1445	48232.25
7	tc05008	孙英	上海	111649.8	3498	55824.9
8	tc05011	张在旭	上海	77998.5	4785	38999.25
9	tc05014	金翔	杭州	394.7	3047	197.35
10	tc05016	扬海东	成都	145978.6	986	72989.3
11	tc05018	黄立	北京	373659.5	4195	186829.75
12	tc05019	王春晓	杭州	202569.8	2498	101284.9
13	tc05022	陈松	北京	119487.4	3574	59743.7
14	tc05024	姚林	上海	98987.5	3875	49493.75

图 3.102 编辑窗口分页预览效果

如果编辑内容超出一页时，也可以清楚地从分页预览效果中看出当前表格内容有几页，如图 3.103 所示。

图 3.103　编辑窗口多页分页预览效果

（3）多页表格打印时重复表格头。

如果表格有两页或以上，每页都需要打印表头时，单击"WPS 表格"侧面的下拉小三角选择"文件 | 页面设置"命令，打开"页面设置"对话框。单击"工作表"选项卡，设置"顶端标题行"为\$1: \$2（单击"顶端标题行"右侧的"区域选择"按钮，用鼠标框选 A1:F2 标题行即可），如图 3.104 所示。"确定"后，单击"打印预览"命令即可看到效果。

图 3.104　"页面设置"对话框

（4）打印页眉页脚。

步骤 1　在"打印预览"页面单击"页眉和页脚"按钮，进入"页眉/页脚"对话框，如图 3.105 所示。

图 3.105 "页眉/页脚"对话框

步骤 2 设置页眉。单击"页眉/页脚"对话框内的"自定义页眉..."按钮,打开"页眉"对话框,在"左"文本框输入"天天科技股份有限公司",然后选择文字"天天科技股份有限公司",单击"字体"按钮 A,设置为宋体 18 号字。再把光标放在"右"文本框,单击"日期"图标,设置页眉右侧为表格打印日期,如图 3.106 所示。单击"确定"按钮完成页眉设置。

步骤 3 设置页脚。单击图 3.105 中的"自定义页脚..."按钮,打开"页脚"对话框,把光标放在"右"文本框,单击"文件名"图标,设置页脚右侧为当前表格文件的名称,如图 3.107 所示。单击"确定"按钮完成页脚设置。

图 3.106 "页眉"对话框

图 3.107 "页脚"对话框

步骤 4 设置完成后的效果如图 3.108 所示。

订单编号	客户姓名	所在城市	订单总额（元）	其他费用（元）	预付（元）
tc0S001	王文娟	杭州	67787.4	1674	33893.7
tc0S003	张磊	上海	514414.9	2749	257207.45
tc0S004	郭心怡	成都	70140.3	1203	35070.15
tc0S006	王力	成都	96464.5	1445	48232.25
tc0S008	孙亮	上海	111649.8	3498	55824.9
tc0S011	张在旭	上海	77998.5	4785	38999.25
tc0S014	金利	杭州	394.7	3047	197.35
tc0S016	陈海东	成都	145978.6	986	72989.3
tc0S018	黄立	北京	373659.5	4195	186829.75
tc0S019	王春英	杭州	202569.8	2498	101284.9
tc0S022	陈松	北京	119487.4	3574	59743.7
tc0S024	姚林	上海	98987.5	3875	49493.75

图 3.108 页眉页脚设置效果

【技能提升】

1. 高级筛选的使用

在 WPS 表格中，筛选操作分为自动筛选与高级筛选，自动筛选比较简单、直观，操作相对较容易，学生易于掌握，而高级筛选由于需要自行设置筛选条件，理解相对较抽象，容易遗忘。筛选后的界面有所不同，高级筛选更能创造出简洁的界面而具有相对优势。

2. 高级筛选

高级筛选除了把筛选的结果保留在原有数据所在的位置外，还可以将筛选后的数据置于新的单元格位置，而原有的数据不受任何影响。

高级筛选的操作需要用户自己设置筛选条件，用户可以在表格的任何空白地方设置筛选条件，然后再通过"开始"选项卡中"自动筛选"　　的下拉菜单，选择"高级筛选"命令完成整个操作。具体操作步骤如下。

操作一： 筛选出所在城市为"上海"且订单总额大于 10 万元的订单。

步骤 1 根据本任务的要求，在 H2:I3 单元格中输入筛选条件，如图 3.109 所示。

步骤 2 单击"开始 | 自动筛选 | 高级筛选"命令，弹出图 3.110 所示的对话框，在此窗口中设置高级筛选的参数选项。筛选方式选择"在原有区域显示筛选结果"，列表区域中设置参加筛选的数据，本任务为 A2:F14，条件区域就是刚才用户设置的 H2:I3。

所在城市	订单总额（元）
上海	>100000

图 3.109　条件区域的添加窗口　　　图 3.110　高级筛选的参数设置

步骤 3 当所有的操作均设置完毕后，单击"确定"按钮，即可得到高级筛选后的结果，如图 3.111 所示。

	A	B	C	D	E	F
1				客户订单表		
2	订单编号	客户姓名	所在城市	订单总额（元）	其他费用（元）	预付（元）
4	tc05003	张磊	上海	514414.9	2749	257207.45
7	tc05008	孙英	上海	111649.8	3498	55824.9
15						

图 3.111　高级筛选后的结果图

步骤 4 高级筛选后，工作表中不符合条件的数据暂时隐藏，如果需要查看整个工作表中的所有数据，则可以通过"开始 | 自动筛选 | 全部显示"命令，显示所有的数据（即筛选前的数据）。

操作二： 筛选出所在城市为"成都"或预付款大于 10 万元的订单。

步骤1 在 H6:I8 单元格中输入筛选条件，具体内容如图 3.112 所示。

所在城市	预付（元）
成都	
	>100000

图 3.112　高级筛选条件设置图　　　　　图 3.113　"高级筛选"对话框

步骤2 选择 A2:F14 单元格，单击"开始 | 自动筛选 | 高级筛选"命令，弹出图 3.113 所示的对话框，在此对话框中设置高级筛选的方式为"将筛选结果复制到其他位置"，该方式筛选后的结果单独显示，不影响筛选前的数据，方便用户比较。

步骤3 分别设置筛选的列表区域为 A2:F14，也就是参加高级筛选的数据区域，条件区域为步骤 1 中设置的 H6:I8，而第三个参数"复制到"为 A16 单元格，该参数表示筛选后的结果显示位置，用户只需选择一个空白位置即可，注意只需选择一个单元格，无须匹配列表区域中的数据列数（因为此时尚无从知晓符合条件的记录数）。筛选后的结果如图 3.114 所示。

16	订单编号	客户姓名	所在城市	订单总额（元）	其他费用（元）	预付（元）
17	tc05003	张磊	上海	514414.9	2749	257207.45
18	tc05004	郝心怡	成都	70140.3	1203	35070.15
19	tc05006	王力	成都	96464.5	1445	48232.25
20	tc05016	扬海东	成都	145978.6	986	72989.3
21	tc05018	黄立	北京	373659.5	4195	186829.75
22	tc05019	王春晓	杭州	202569.8	2498	101284.9
23						

图 3.114　高级筛选后的结果图

3．制作数据透视表

数据透视表：是 WPS 进行数据分析和处理的重要工具。数据透视表是一种交互式报表，通过它可以快速计算和比较表格中的数据。

数据透视表有机地综合了数据排序、筛选、分类汇总等常用数据分析方法的优点，可方便地调整分类汇总的方式，灵活地以多种不同方式展示数据的特征。一张数据透视表仅靠鼠标移动字段位置，即可变换出各种类型的报表，同时，数据透视表也是解决公式计算速度瓶颈的主要手段之一。因此，该工具是最常用、功能最全的 WPS 表格中的数据分析工具之一。

例如，为"客户订单表"创建一个数据透视表，分别统计各城市的"订单总额"之和、"其他费用"的平均值，以及"预付"款的最大值和客户的个数，设计效果图如图 3.115 所示。

	所在城市				
数据	北京	成都	杭州	上海	总计
求和项:订单总额（元）	493146.9	312583.4	270751.9	803050.7	1879532.9
平均值项:其他费用（元）	3884.5	1211.333333	2406.333333	3726.75	2794.083333
最大值项:预付（元）	186829.75	72989.3	101284.9	257207.45	257207.45
计数项:客户姓名	2	3	3	4	12

图 3.115　数据透视表效果图

步骤 1 选择待制作透视表的客户订单表，单击"数据 | 数据透视表"命令，弹出图 3.116 所示的对话框。在此对话框设置参加分析的数据为 A2:F14，同时，创建的数据透视表为新建工资表（与原工作表保持相对独立，减少对原数据的影响）。

步骤 2 单击对话框中的"确定"按钮，进入透视表的设置窗口，如图 3.117 所示。

图 3.116 "创建数据透视表"对话框　　　　图 3.117 透视表设置区域

步骤 3 将光标放置于表格中的任意单元格（见图 3.117），则在工作表的右边即可出现透视表的设置窗口，如图 3.118 所示。用户在此窗口，设置透视表的布局，如列的显示项、行的显示项以及统计的数据项。

步骤 4 在图 3.118 的设置窗口中，拖动上方的字段分别至下方的透视表区域，如"页区域、行区域、列区域以及数据区域"，本案例只设置了列区域与数据区域，具体设置如图 3.119 所示。

图 3.118 透视表设置窗口　　　　图 3.119 透视表的设置

步骤5 拖至数据区域的字段，在进行数据分析时，一般做求和项统计。为了设置符合题意的操作，双击"预付（元）"，弹出图 3.120 所示的对话框，选择下方的统计方式为"最大值"即可统计出预付款的最大值。

图 3.120 修改数据分析方式对话框

步骤6 用同样的方式修改"其他费用"的统计方式为"平均值"，以及将"客户姓名"的统计方式改为"计数"。

步骤7 当所有设置完毕后，得到图 3.115 所示的效果。

课后练习

一、选择题

1．WPS 2013 工作簿文件的扩展名为（ ）。

    A．DOC   B．TXT   C．XLS   D．ET

2．工作表是用行和列组成的表格，分别用（ ）区别。

    A．数字和数字   B．数字和字母

    C．字母和字母   D．字母和数字

3．工作表标签显示的内容是（ ）。

    A．工作表的大小   B．工作表的属性

    C．工作表的内容   D．工作表名称

4．在 WPS 工作表的公式中，"SUM（B3:C4）"的含义是（ ）。

    A．B3 与 C4 两个单元格中的数据求和

    B．将从 B3 到 C4 的矩阵区域内所有单元格中的数据求和

    C．将 B3 与 C4 两个单元格中的数据求平均

    D．将从 B3 到 C4 的矩阵区域内所有单元格中的数据求平均

5．关于分类汇总，叙述正确的是（ ）。

    A．分类汇总前首先应按分类字段值对记录排序

    B．分类汇总只能按一个字段分类

C. 只能对数值型字段进行汇总统计

D. 汇总方式只能求和

二、操作题

打开"部门费用统计表.xls",进行如下操作,参考效果如图 3.121 所示。

部门费用统计表

部门	预算	交通费	办公用品费	水电网费	节余
人事部	¥5,000.00	¥2,500.00	¥2,000.00	¥500.00	¥0.00
采购部	¥7,000.00	¥5,000.00	¥1,500.00	¥1,000.00	¥-500.00
仓储部	¥6,000.00	¥4,000.00	¥1,000.00	¥800.00	¥200.00
运输部	¥7,000.00	¥5,000.00	¥1,000.00	¥500.00	¥500.00
配送部	¥6,000.00	¥4,000.00	¥1,000.00	¥600.00	¥400.00
行政部	¥4,500.00	¥1,000.00	¥2,000.00	¥1,200.00	¥300.00
企划部	¥5,000.00	¥3,000.00	¥1,000.00	¥900.00	¥100.00
财务部	¥7,000.00	¥5,000.00	¥2,000.00	¥700.00	¥-700.00
总计	¥47,500.00	¥29,500.00	¥11,500.00	¥6,200.00	
部门平均值	¥5,937.50	¥3,687.50	¥1,437.50	¥775.00	

图 3.121　效果图

1. 启动 WPS 2013,打开提供的"部门费用统计表.et"文件,在右侧增加"节余"列,计算节余费用(节余＝预算－交通费－办公用品费－水电网费);增加"总计"行,用 SUM()函数分别计算"预算""交通费""办公用品费""水电网费"的合计值;增加"部门平均值"行,用 AVERAGE()函数分别计算"预算""交通费""办公用品费""水电网费"的部门平均值。

2. 设置表格边框为外面粗实线、里面细实线。合并居中 A1:F1 单元格,并设置文字为黑体、16 号、褐色。设置表格标题行文字为褐色、11 号字,填充色为"浅青绿",底纹图案为"样式 25%灰"、颜色为"白色"。所有单元格文字中部居中(即水平居中且垂直居中)。表格内数字设置为货币格式,保留小数位数两位。

3. 利用条件格式,将"节余"中费用超支的数据标记出来。

4. 选择表格中"部门""交通费""办公用品费""水电网费"列(不包括总计和平均值)创建图表(簇状柱形图),设置图表标题为"部门费用统计图"。

5. 将工作表"Sheet1",改名为"部门费用表",并保存文件。

第 4 章
WPS 演示的应用

WPS 演示主要用于设计、制作宣传、广告、演讲、电子政务公告及教学内容的提纲，是电子版的幻灯片。制作的演示文稿可以通过计算机屏幕或投影机播放。WPS 2013 演示个人版支持更多的动画效果及深度兼容 Microsoft PowerPoint，在多媒体支持方面也得到了改进，与 Microsoft Windows Media Player 的完美集成允许用户在幻灯片中播放音频流和视频流。

本章通过两个实例项目，详细介绍了 WPS 演示软件的基本知识及相关应用。主要包括 WPS 演示软件的基本框架、菜单设置、幻灯片的添加与删除、外观设计、动画的基本设置等操作。通过这些操作的实践练习，能够熟悉 WPS 演示软件的基本功能，并根据实际情况制作出漂亮、动感的演示文稿。

项目 1　制作古诗赏析演示文稿

【项目描述】

刘老师是一名小学六年级的优秀语文教师，她接到学校通知，一周后，区里将组织其他小学的语文教师来听她的公开课。刘老师查看了教学进度，下周授课内容为古诗欣赏。接下来，刘老师就开始紧锣密鼓开始查找资料了，准备好相关文档、图片、声音等素材后，她开始认真琢磨 WPS 演示的用法。最终，刘老师制作出了公开课时所用的演示文稿文件，出色完成了此次公开课的讲授，情境交融的演示文稿，为她增色不少。项目效果如图 4.1 所示。

图 4.1　古诗赏析演示文稿效果图

【技术分析】

本项目充分利用 WPS 演示软件模板、修改配色方案等强大功能随心所欲地设置演示文稿的背景。演示文稿包含演讲者的演讲内容，如文字、声音、图片、表格、图表等内容。通过本项目的实践，用户应能掌握幻灯片的添加方法、幻灯片的调整换位，熟悉文字内容的增减，以及图片、艺术字、声音等对象的添加等操作，能使用 WPS 演示软件最基本的方法，独立制作并演示精彩的幻灯片。

● 使用 WPS 演示的"Docer 在线模板"及自带"设计"选项下的模板制作演示文稿，可以制作出精美的幻灯片，而且可以节约大量的时间。

● 通过"新建幻灯片"下拉列表命令，可添加多种版式幻灯片。

● 通过使用含有内容占位符的幻灯片，或利用"插入"选项卡中的按钮，可以插入表格、图片、艺术字、音频或视频文件等。

● 利用"动画"选项卡，为幻灯片中的对象设置动画效果。

● 利用"切换"选项卡，在幻灯片之间设置切换的效果。

● 通过"幻灯片放映"下拉列表命令，可以设置幻灯片的放映方式。

● 利用"视图"选项卡下的"幻灯片母版"，可以制作风格统一的演示文稿。

1．WPS 演示的功能和特点

WPS 演示是一款非常好用的实用软件，在设计方面非常人性化，为了给用户的使用增加方便，提供了以下几种新特征。

（1）Docer 在线新增宽屏模板，为适应宽屏显示而设计。

（2）在 WPS 演示中，增加了丰富便捷的表格样式功能。软件自带有数十种填充方案的表格样式，用户仅需根据表格内容在其中进行选择，便可瞬间完成表格的填充工作。根据选用表格样式的不同，填充后，表格中相应行列的字体粗细、边框粗细、底色浓度等属性会发生明显的改变，使幻灯制作更加轻松。

（3）自定义动画的设定中增加了声音功能，利用该功能，演讲者可以在幻灯片中插入如鼓掌、捶打、爆炸等音响效果，以及其他各种自定义音效。

（4）WPS 演示提供了"荧光笔"功能，用户利用该功能，可以在幻灯片播放时，使用"荧光笔"在页面上进行勾画、圈点，对幻灯片的详细讲解起到更好的帮助。播放幻灯片时，将鼠标移到画面左下角便可选用该功能。

（5）双屏播放模式是指在选择"演讲者放映模式"后，演讲者播放幻灯片时，可在一台显示屏上运行演示文稿而让观众在另一台显示屏上观看的演示模式。双屏播放的前提是当前计算机已经接入了两台（或以上）显示设备。

2．WPS 演示的启动和退出

（1）启动。在屏幕上双击 WPS 演示图标 ▣（或者通过屏幕左下角单击"开始 | 所有程序 | WPS　Office 个人版 | WPS 演示"命令），系统弹出 WPS 演示工作界面，如图 4.2 所示。

图 4.2 WPS 演示启动初始界面

WPS 演示启动后的初始界面（首页）同 WPS 文字的"首页" 差不多，在"首页"中有标题栏、菜单选项卡、常用工具栏、文字工具栏、供用户调用的各式各样的演示模板文件以及建立空白文档的按钮等。

（2）退出。单击 WPS 演示右上角的"关闭"按钮 ✕ 时，可以完成 WPS 演示窗口的关闭，并退出 WPS 演示软件的运行。

也可通过 WPS 演示的相关菜单来关闭整个程序，具体的操作方法如单击窗口左上角的"WPS 演示 | 文件 | 退出"命令。

3．WPS 演示窗口介绍

启动 WPS 演示后，进入图 4.3 所示的窗口，如果无须使用 WPS 演示提供的模板，则单击"WPS 演示 | 文件 | 新建"命令即可进入一个新演示文稿的创建窗口，也可单击 Docer 在线模板右侧的" ⬛ 新建空白文档 "按钮，WPS 演示窗口如图 4.3 所示。

演示应用程序菜单　"开始"等选项卡　演示文稿名与软件名　功能区

图 4.3 WPS 演示窗口介绍

在此窗口中，将待处理的幻灯片分为两个区域，左边是幻灯片的浏览窗口，右边是幻灯片的编辑窗口。当需要添加文字、图片、图表等内容时，一般在右边的编辑窗口中进行。左边浏览窗口主要供用户选择具体的幻灯片，同时在编辑区域的下方，还有一个添加备注的区域，用来解释当前幻灯片内容的含义。

4．移动、复制、删除和增加幻灯片

（1）增加幻灯片。单击"开始"选项卡下的"新建幻灯片"按钮 ▣，即可在光标所选的幻灯片位置后添加一张新的空白幻灯片。

（2）复制幻灯片。选择待复制的幻灯片，右键该幻灯片，从快捷菜单中选择"复制"命令，即可将当前选择的幻灯片复制进入剪贴板暂时保存，然后在合适的位置"粘贴"即可完成复制操作。

（3）删除幻灯片。删除幻灯片比较简单，只需选择待删除的幻灯片，按下键盘上的 Delete 键，即可完成幻灯片的删除操作。

（4）移动幻灯片。选择待移动的幻灯片，右键该幻灯片，从快捷菜单中选择"剪切"命令，即可将当前选择的幻灯片存入剪贴板暂时保存，这时待移动的幻灯片消失，然后选择合适的位置"粘贴"幻灯片即可完成幻灯片的移动操作。

【项目实施】

1．演示文稿的简单制作

（1）启动 WPS 演示程序。

在屏幕上双击 WPS 演示图标 ▣ 打开 WPS 演示窗口，此时可以利用模板或新建空白演示文稿来创建演示文稿文件。

（2）新建 WPS 演示文稿。

单击窗口左上角应用程序菜单"WPS 演示 | 文件 | 新建"命令，新建一个空白演示文稿，或者单击屏幕右上部的"新建空白文档"按钮 ▣ 新建空白文档，则更加便捷，此时屏幕上出现了一个图 4.4 所示的空白幻灯片。

图 4.4　新建空白 WPS 演示文稿

（3）为幻灯片添加文字。

按照屏幕提示，单击添加标题框，输入文字"古诗赏析"，单击添加副标题框，输入文字"作者：刘畅"。结果如图 4.5 所示。

图 4.5 在幻灯片中输入文字

（4）添加幻灯片。

一张幻灯片做完了，接下来要根据内容制作余下幻灯片。添加幻灯片的方法有如下几种。

方法一 单击"开始"选项卡下的"新建幻灯片"下拉列表下的"新建幻灯片"按钮，此时添加了一张幻灯片，这张幻灯片与第一张版式不同，由一个标题框和一个文本输入框组成，输入文字的方法同上。

方法二 使用< Ctrl+M>快捷命令，也可插入新幻灯片。

方法三 在屏幕左侧幻灯片浏览窗格中，单击要插入幻灯片的位置，回车，同样可插入新幻灯片。

那么，回车3次，插入3张新幻灯片。并输入相应内容。第2张幻灯片作为目录页，第3张为"赠汪伦"古诗内容，第4张为"作者简介 李白"，相应内容可从配套素材"WPP古诗原文本.doc"复制，效果如图4.6所示。

图 4.6 添加新幻灯片

（5）幻灯片中的文字编辑。

对幻灯片中文本的字体、字号、字形和颜色以及特殊效果的设置，能够使文本的外观得到不同程度的提升。对文字进行格式编辑的方法与WPS文字及表格的操作如出一辙。

方法一　选择需要编辑的文字，如"李白的简介内容"，在"开始"选项卡中，设置字体为"幼圆"，字号为"24"。

方法二　右键单击需要编辑的文字，如"作者简介"，在弹出的快捷菜单中选择"字体"命令，设置字体为"微软雅黑"，字号为"40"。如果要更改颜色，则单击"颜色"下拉列表框，选择"其他颜色…"项，在"颜色"对话框中选择"自定义"标签，将红色的值设为"255"，设置过程如图 4.7 所示。

图 4.7　文字格式、颜色的设定

（6）演示文稿的保存。

至此，一个简单的演示文稿文件已完成，单击"WPS 演示 | 文件 | 保存"命令，或者单击快捷工具栏中的"保存"按钮 ，从弹出的对话框中，选择保存文件的类型、设置保存路径及保存的文件名。本项目将文件命名为"WPP 古诗赏析.ppt"。

2．演示文稿的布局与修饰

（1）幻灯片版式的设置。

幻灯片的版式主要用来改变幻灯片的版面格式，同时也可起到美化幻灯片的效果。设置的方法有两种，一种方式可以从右键菜单选择并设置，另一种方式就是通过窗口界面的工具按钮进行设置。

方法一　右键菜单。

在幻灯片的空白区域单击右键，如 4.8（左）所示，在弹出的快捷菜单中，选择"幻灯片版式"菜单，即可进入如 图 4.8（右）所示的幻灯片版式的设置窗格。

方法二　版式工具按钮。

在"设计"选项卡下，有个"幻灯片版式"工具按钮 ，用户可通过该按钮进入版式的设置，单击该按钮进入如与 4.8（右）所示的任务窗格，用户可根据需要选择合适的版式，如标题幻灯片、只有标题、标题和文本等版式。

图 4.8　幻灯片版式设置窗格

此项目中，将"赠汪伦"所在幻灯片版式改为"垂直排列标题与文本"▱▱▱，"作者简介"所在幻灯片版式改为"标题，文本与内容"▱▱。修改后的幻灯片版式，自动发生了变化，效果如图 4.9 所示。

图 4.9　幻灯片版式修改效果

（2）幻灯片模板的设置。

白底黑字、没有任何装饰背景的演示文稿，过于呆板单调，此时模板就发挥作用了。

模板是一种常见的美化幻灯片的操作，选择合适的模板可以快速制作出漂亮的与众不同的幻灯片。

单击"设计"菜单，即可看到模板的选择窗口，如图 4.10 所示。

图 4.10　幻灯片模板选择

此例中，选择"奔腾年代 PPT 模板"，瞬间，所有的幻灯片都套用了此种模板效果。应用模板后的效果如图 4.11 所示。

图 4.11　应用"奔腾年代 PPT 模板"后的效果

（3）幻灯片背景的修改。

如果说套用模板是快速为演示文稿设定统一风格的幻灯片形式的话，那么如果需要进行个性化设置，就需要用到背景了。

此例中，将"赠汪伦"那张幻灯片，使用配套的图片作为背景，更符合题意。操作的步骤如下。

步骤 1　右键单击第 3 张幻灯片空白处，在弹出的图 4.12 所示的快捷菜单中选择"背景"命令。

图 4.12　"背景"的选择

步骤 2　在"背景"对话框下拉列表中选择"填充效果"项，如图 4.13（左）所示。

步骤 3　在"填充效果"对话框中，选择"图片"标签下的"选择图片"按钮。将配套素材中的图片"赠汪伦.jpg"选择进来后单击"确定"按钮，如图 4.13（右）所示。

图 4.13　"填充效果"选择与填充效果示例

步骤4 如果不希望受原始模板（底版、母版）的影响，如图 4.14 所示，勾选"忽略母版的背景图形"，只有这一张应用独特的背景，应单击"应用"按钮，而非"应用全部"按钮。

图 4.14　忽略母版的背景图形

幻灯片背景更改后的效果如图 4.15 所示。

图 4.15　背景更改后的效果

（4）文本框的操作。

要在占位符之外的位置输入文本，需要在幻灯片中插入文本框。文本框可移动、可调整大小。

此项目中，由于版式的变化，需要对文本的位置、格式等进行重新设置，可按如下步骤操作。

步骤1 选择"插入"选项卡下的"文本框"下拉列表，这里选择"竖向文本框"项，如图 4.16 所示。

图 4.16　插入"竖向文本框"

步骤2 此时出现一个"十"字光标，从左上至右下拖一个垂直文本框，将作者 "李白"移到此文本框中。此时的文字是竖向的。

步骤3 调整文本框的大小。单击"赠汪伦"主诗词部分，此时文本框四周出现 8 个控制柄（缩放点），利用控制柄调整文本框的大小，使之尽可能不遮挡背景图。

步骤 4　移动文本框。当光标移动到文本框边框线上时，鼠标指针变为"⬆"，按住鼠标左键拖动，则文本框移动，选定合适位置，释放鼠标。

步骤 5　调整文本框的内容。单击"赠汪伦"主诗词部分选定文本框，在"绘图工具"下将"行距" ≡ 下拉列表设置为"1.5"倍。此时整个文本框内文字的行距加宽了。同样，如果需要同时设置整个文本框内容，只需要选定文本框即可，无须单独选定其中文字内容。如将诗词字体设为"方正舒体"，字号设为"20"磅。双击文本框，打开"设置对象格式"对话框，将文本框的"填充颜色"设为"无填充颜色"。此时，文本框变为透明，完全无遮挡背景，文字内容和背景融为一体。文本框设置后的效果如图 4.17 所示。

图 4.17　文本框设置后的效果

3．丰富演示文稿的内容

只有文本的幻灯片显得过于平淡，WPS 演示文稿可以在幻灯片中加入漂亮的图片、表格、图表、声音、视频等对象，使得演示文稿更加富有吸引力。插入方法和 WPS 文字中类似。

（1）在幻灯片中插入文件中的图片。

在幻灯片中除了可以插入文本框外，还可以插入图形和图片，这样就可以制作出丰富生动的幻灯片。如果要插入文件中的图片，按照下述步骤操作。

步骤 1　在普通视图中，选中要插入图片的幻灯片，如第 2 张"目录"幻灯片。

步骤 2　单击"插入"选项卡下的"图片"按钮，弹出"插入图片"对话框，在"查找范围"列表中选择要插入图片的路径，此处选择配套素材中的"静夜思小 1.jpg"，单击"打开"按钮（或是直接双击图片文件），图片就被插入到幻灯片中，效果如图 4.18 所示。

图 4.18　利用"插入"选项卡插入图片

步骤3 单击第4张幻灯片"作者简介",由于之前已将该幻灯片版式改为了"标题,文本与内容 ▢▢▢",如图 4.19 所示,此时的右边"内容"栏,已经自动放置了可插入对象的命令按钮,如"文本、表格、图表、图片、媒体"等,单击"插入图片"按钮 ▢,选择配套素材中的"李白图片.png"文件打开。

图 4.19 利用"内容"框插入图片对象

步骤4 插入图片后,单击选中图片,在图片的四周出现控制块,拖拉这些控制块可以修改图片的大小或者旋转图片。

(2)在幻灯片中插入形状。

幻灯片中允许插入各种形状。以第 2 张幻灯片为例,由于插入的图片为矩形边框,显得有些突兀,可以利用形状加以调节。

与第 2 章 WPS 文字中形状的插入和编辑方法相同。

选择"插入"下的"形状"下拉列表,选择"椭圆"形状,当光标变成"十字形"时,按鼠标左键拖出个椭圆,双击此椭圆,弹出"设置对象格式"对话框。

同前述操作,在"填充颜色"下拉列表中,选择"填充效果"命令,选择"图片"为配套素材"静夜思小 1.jpg",确定后,回到"设置对象格式"对话框中,对线条的颜色、线型、粗细等进行相应设置。设置过程如图 4.20 所示。

图 4.20 形状的设置过程

此时，图片就随着"椭圆"形状变化，比较圆润了。最后效果如图 4.21 所示。

图 4.21　形状设置后的效果

（3）插入音频、视频文件。

WPS 演示不仅支持动画的设置，对多媒体方面的支持也相当出色。它与 Microsoft Windows Media Player 的完美集成允许用户在幻灯片中播放音频流和视频流。具体操作方法如下。

步骤 1　选择在第 3 张幻灯片（即赠汪伦诗那张）。

步骤 2　单击"插入"选项卡下的"声音"按钮 ，进入插入音频文件的选择窗口，选择配套素材中的"高山流水.wma"文件。

步骤 3　选择好文件后，单击"打开"按钮，进入音频文件播放方式的设置窗口，如图 4.22 所示。

图 4.22　音频文件播放方式设置窗口

步骤 4　选择播放方式。一般有两种，一是自动播放，即当幻灯片切换到屏幕时，该音频文件就自动开始播放，此方式比较适合宣传演示等场景；另一方式是单击播放图标，音频文件才开始播放。用户可根据实际需要选择，此例选择"在单击时"。

步骤 5　设置成功后，幻灯片中会出现一个小喇叭状音频图标。

步骤 6　类似的方法也可插入视频文件。

4．幻灯片放映

现在，来检验一下制作的幻灯片效果吧。

制作幻灯片的最终目的，就是为观众放映幻灯片，一般在显示器及投影仪上放映幻灯片。比较常见和简单的幻灯片放映方式为，单击屏幕右下方"视图"组中的幻灯片放映按钮
"　"，此时就会全屏幕放映幻灯片了。鼠标单击或滚动，则可以在上下幻灯片之间跳转。

当然，直接按<F5>键，也可以快捷地进行幻灯片放映。

小提示

所有的动画、视频、声音等效果，必须在"幻灯片放映"视图下才能呈现。

现在，单击第3张幻灯片中的小喇叭状音频图标，悠扬的音乐是不是流淌出来了？

【知识拓展】

1．制作动感活力的演示文稿

演示文稿完成了，但是完全静止，无任何特效。动画的设置可以提高幻灯片演示的灵活性，让原本静止的演示文稿更加生动。WPS演示提供的动画效果非常生动有趣，并且操作起来非常简单。幻灯片的动画设置分为幻灯片切换与幻灯片对象的动画设置。

（1）动画的设置。

步骤1　仍以第2张和第3张幻灯片为例，选择"目录"幻灯片，单击主标题文本框，选择"动画"选项卡的"自定义动画"按钮，或右键单击主标题文本框，在弹出的快捷菜单中选择"自定义动画"命令。幻灯片窗口右侧出现动画设置的任务窗格，如图4.23所示，选择"添加效果/进入/百叶窗"效果。此时主标题文本框会快速预览一下"百叶窗"动画效果。

图4.23　添加动画效果

步骤2　此时的动画，鼠标单击时才出现，因此会出现单击一个对象就出来一个动画效果。如果需要对动画效果进行更细致的设置，可以在图4.24所示的修改动画效果窗格中进行。如"开始"设为"之后"，表示在上一个动画完成之后开始，"方向"设为"垂直"，出现速度也可以进行调整。

图4.24　动画效果选项的修改

步骤3 将目录下方文本框，设置为"自底部飞入"动画效果，且在上一事件之后马上开始。

步骤4 选择"椭圆"图形，如需添加更多进入效果，选择"进入|其他效果|扇形展开"命令，如图 4.25 所示。

步骤5 右边"自定义动画"任务窗格中显示所有设置了动画的对象，若需重新调整动画放映的先后顺序，可按向上或向下的"重新排序"按钮，也可以选定某一对象后，直接按住鼠标左键拖曳至需要放映的次序。

如需预览动画效果，单击"播放"按钮，如需进入幻灯片放映视图显示动画效果，单击"幻灯片播放"按钮，如图 4.26 所示。

图 4.25 动画效果设置

图 4.26 调整动画显示顺序

步骤6 为了方便，选择第 3 张幻灯片（赠汪伦诗）中所有三个文本框（按下 Shift 键再分别选定），为三个文本框同时添加"进入|飞入"效果，且"方向"设为"自右侧"，"速度"设为"快速"。

（2）切换效果的设置。

幻灯片切换效果，是指幻灯片与幻灯片之间的过渡效果，也就是从前一张幻灯片转至下一张幻灯片之间要呈现的效果。用户可以设置幻灯片之间的切换效果，使幻灯片用不同方式出现在屏幕上，且可在切换时添加声音。

设置幻灯片切换效果的步骤如下。

步骤1 在普通视图左侧"幻灯片"浏览窗口中，选择第 1 张幻灯片，单击"动画"选项卡，可从幻灯片切换效果中单击一个切换效果应用，如果要查看更多切换效果，单击"其他"按钮，进入图 4.27 所示的面板，设置幻灯片的切换效果为"随机"方式。

步骤2 可用同样的方式，分别设置其余幻灯片的切换方式。

步骤3 选择"动画"选项卡，单击"切换效果"按钮，此时右侧弹出"幻灯片切换"窗格，如图 4.28 所示,设置幻灯片的切换效果为"随机"方式，切换时伴有"微风"声音，将效果"应用于所有幻灯片"，则全部幻灯片应用了"随机"出现的幻灯片切换效果。

图 4.27　"幻灯片切换"效果选择　　图 4.28　"幻灯片切换"任务窗格

设置完毕,此时应用了"幻灯片切换"效果的幻灯片左边都会添加动画图标 ✲ 。

2．输出为 PDF 格式

PDF 格式已成为网络文件共享及传输的一种通用格式,为了适应用户保存 PDF 格式的需求,WPS Office 2013 提供了 PDF 文件输出功能。输出为 PDF 格式的操作步骤如下。

步骤 1　在左上角的"▣ WPS演示 · 应用程序"下拉菜单中,单击"文件 | 输出为 PDF 格式…"命令,打开"输出 Adobe PDF 文件"对话框。

步骤 2　单击"浏览"按钮,选择输出的 PDF 文档保存位置。

步骤 3　输入文件名,选择输出为 PDF 文档的范围。用户可以选择输出全部幻灯片,也可以选择输出部分幻灯片,还能对输出选项进行更多详细的输出设置。

步骤 4　可对输出权限进行设置。

单击"确定"按钮,完成 PDF 输出。

3．WPS 演示的视图方式

视图即为 WPS 演示中加工演示文稿的工作环境。WPS 演示能够以不同的视图方式显示演示文稿的内容,使演示文稿更易于浏览和编辑。WPS 演示提供了多种基本的视图方式,每种视图都有自己特定的显示方式和加工特色,并且在一种视图中对演示文稿的修改与加工会自动反映在该演示文稿的其他视图中。

（1）普通视图。

普通视图是进入 WPS 演示后的默认视图,普通视图将窗口分为 3 个工作区,也可称为三区式显示。在窗口的左侧包括"大纲"选项卡和"幻灯片"选项卡,使用它们,用户可以切换到大纲区和幻灯片缩略图区。

普通视图将幻灯片、大纲和备注页三个工作区集成到一个视图中。大纲区用于显示幻灯片的大纲内容;幻灯片区用于显示幻灯片的效果,对单张幻灯片的编辑主要在这里进行;备注区用于输入备注信息。

切换到普通视图主要通过如下方式实现:

● 在"视图"选项卡上，单击"普通"按钮。

● 在右屏幕下方视图栏上，单击"普通视图"按钮。

（2）幻灯片浏览视图。

在幻灯片浏览视图中，用户可以看到整个演示文稿的内容，而且可以了解整个演示文稿的大致外观，还可以轻松地按顺序组织幻灯片，插入、删除或移动幻灯片，设置幻灯片放映方式，设置动画特效等。

切换到幻灯片浏览视图可通过如下方式实现：

● 在"视图"选项卡上的"演示文稿视图"组中，单击"幻灯片浏览视图"按钮。

● 在操作窗口底部右侧，单击"幻灯片浏览"按钮。

4. 处理幻灯片

一个演示文稿通常会包含多张幻灯片，维护演示文稿的重要任务就是对幻灯片进行处理。在制作演示文稿的过程中，可以插入、移动、复制、删除幻灯片等。

（1）选定幻灯片。

处理幻灯片之前，必须先选定幻灯片，既可选定单张幻灯片，也可选定多张幻灯片。

在"普通视图"下选定单张幻灯片，可单击"大纲"选项卡中的幻灯片图标，或单击"幻灯片"选项卡中的幻灯片缩略图。

"幻灯片浏览视图"中幻灯片选定的方式和 Windows 文件选定的方式类似。利用 Shift 键能选择多张连续幻灯片，利用 Ctrl 键可选择多张不连续的幻灯片。

（2）复制幻灯片。

由于在"幻灯片浏览视图"中，处理幻灯片更为方便，因此，进入"幻灯片浏览视图"，如图 4.29 所示，单击第 3 张，按下 Ctrl 键再选择第 4 张幻灯片，单击右键，在弹出的快捷菜单中选择"复制"命令，再将光标定位至第 4 张后面，单击右键，在弹出的快捷菜单中选择"粘贴"命令，则第 3、4 两张幻灯片被复制至第 4 张后面。效果如图 4.30 所示。

图 4.29　幻灯片选定

图 4.30　复制幻灯片

幻灯片的删除、移动等操作和 Windows 下基本类似，请读者自行练习。

将新插入的两张幻灯片，替换成"咏柳"，作者换成"贺知章"，内容在配套素材"WPP 古诗原文本.doc"中。

【技能提升】插入超链接

用户可以在WPS演示中对对象设置超链接,以便建立文件与文件以及文件与网页的关联。WPS演示通过在幻灯片中插入超链接,使用户直接跳转到其他幻灯片、其他文件或因特网上的网页中。

(1)创建超链接。

以第2张幻灯片的"目录"内容为例,创建超链接可按如下步骤进行。

步骤1 选中要设置超链接的对象,此例为文本"赠汪伦"。

步骤2 单击"插入"选项卡下的"超链接"按钮，或单击右键,在弹出的快捷菜单中选择"超链接"命令 超链接(H)... 。

步骤3 由于此例链接对象是此演示文稿的不同幻灯片,因此单击"本文档中的位置",在这里选择"下一张幻灯片"如图4.31所示。

步骤4 将目录中的"咏柳"的链接对象设置为第5张幻灯片。

图4.31 超链接的设置

步骤5 进入幻灯片放映视图,将鼠标移动到超链接上时,鼠标变成手形,单击则跳转到了相应的链接位置。此例的效果是,单击"赠汪伦",转到第3张幻灯片,单击"咏柳"则链接到第5张幻灯片。效果如图4.32所示。

图4.32 超链接效果

(2)利用动作设置超链接。

利用动作设置也可设置超链接。如此例中,需要从最后一张幻灯片"咏柳"返回到"目录"幻灯片。可按如下步骤操作。

步骤1 插入一个对象（需要为此动作设置链接），比如此处插入一个形状"虚尾箭头"，并将"填充颜色"设为灰色，添加文字"返回目录"。

步骤2 单击"插入"选项卡下的"动作"按钮，或单击右键，在弹出的快捷菜单中选择"动作设置"命令 动作设置(A)... 。

步骤3 打开图4.33所示的"动作设置"对话框，此处选择"幻灯片..."项。

图4.33 "动作设置"对话框

步骤4 在接下来打开的图4.34所示的"超链接到幻灯片"对话框中，选择"2.目录"确定。

图4.34 "超链接到幻灯片"对话框

步骤5 再次确定后，则此形状具有超链接功能，放映时单击，则回到目录页。

当超链接设置完成后，在幻灯片上添加超链接的文本对象下，会自动添加下画线表明该对象上有超链接动作。对于图像对象上添加的超链接，只有在演示文稿放映状态下，当鼠标移动到图片上时，鼠标的外形会改变成手形，表明此图片上已建有超链接，单击这些超链接对象就可以实现跳转动作。

在"动作设置"对话框中可选择单击鼠标时和鼠标移过时该图形的动作，具体如下。

● 如果不需要图形做反应，选中"无动作"单选按钮。

● 如果需要插入链接，则选中"超链接到"单选按钮，并在"超链接到"下拉列表框中，选择链接位置。

●如果需要单击图形运行程序，则选中"运行程序"单选按钮，并单击"浏览"按钮，选择程序。

●如果需要播放声音，则可勾选"播放声音"复选框，并在下拉列表框中，选择需要设置的声音。

（3）修改超链接。

如果要对已建超链接进行修改，可以选中建立超链接的对象，然后单击鼠标右键，在弹出的下拉菜单中，单击"编辑超链接"命令 ，弹出"编辑超链接"对话框，可以删除超链接或者更改超链接的目的地址。

项目 2　商务演讲演示文稿的制作

【项目描述】

小李最近接受了一项任务，要求为所在旅行公司做一期特别的宣讲。接到任务，小李很是重视，立即着手做宣讲用的演示文稿，自我要求主题鲜明、布局美观、图文并茂、别具一格。

小李曾经用过 WPS 文字，以为凭着以前学习的文字编辑方法，应当能圆满完成任务。但随着制作过程的深入，他发现并不像想象中那么简单，很多效果制作不出来，如背景底版如何添加公司的 LOGO？如何让对象生动起来？ 怎样添加声音、视频等效果？怎样链接对象？……通过分析摸索，他最终成功做出一份漂亮的"旅游商务演讲"的演示文稿。完成效果如图 4.35 所示。

图 4.35　旅游商务演讲演示文稿效果图（浏览视图）

【技术分析】

本项目充分利用 WPS 演示软件模板、修改配色方案等强大功能随心所欲地设置演示文稿的背景。报告中主要包含演讲者的演讲内容，如文字、声音、图片、表格、图表等内容。通过本项目的实践，用户应能掌握幻灯片的添加方法、幻灯片的调整换位，熟悉文字内容的增减以及图表的添加等操作，能使用 WPS 演示软件最基本的方法，独立制作并演示精彩的幻灯片。

- 充分利用"Docer 在线模板"及"素材库"实现演示文稿的快速生成。
- 利用"母版"视图更改底板。
- 利用"插入"选项卡插入各种对象。
- 巧妙利用"幻灯片放映"控制各种放映效果。
- 通过对 WPS 演示文稿制作过程中，文本的字体、字形、字号、颜色以及特殊效果的设置，使得演示文稿更加美观大方。

【项目实施】

1．新建 WPS 演示文档

在屏幕上双击 WPS 演示图标 ⊟ 打开 WPS 演示窗口，启动 WPS 演示程序。此时可以利用模板或新建空白演示文稿来创建演示文稿文件。

2．套用相关模板

步骤 1　在 Docer 在线模板右侧搜索框中输入"旅游"▨▨▨▨后，单击"放大镜"按钮 🔍，则窗口中出现许多与旅游相关的模板。

步骤 2　在模板选择窗口中，单击"旅游商务 PPT 模板"。这是互联网上提供的在线模板。

步骤 3　如图 4.36 所示，单击"立即下载"按钮，为本项目下载"旅游商务 PPT 模板"。

图 4.36　"旅游商务 PPT 模板"下载

3．文字内容的编辑

在第 1 张幻灯片的主标题栏中输入"途乐 乐途"，第二张幻灯片相应位置输入"项目背景、项目计划、项目实施、项目进展"，并自行更改文字格式设置。设置后的效果如图 4.37 所示。

图 4.37　输入文字后的效果

4．母版的设置

母版幻灯片是幻灯片层次结构中的顶层幻灯片，用于存储有关演示文稿的主题和幻灯片版式的信息，包括背景、颜色、字体、效果、占位符大小和位置。

每个演示文稿至少提供了一个母版集合，包括幻灯片母版、标题母版等母版集合。修改幻灯片母版的效果，将统一应用演示文稿的每张幻灯片中，包括以后添加到演示文稿中的幻灯片。使用幻灯片母版时，由于无须在多张幻灯片上输入相同的信息，因此节省了时间。如果演示文稿非常长，其中包含大量幻灯片，使用幻灯片母版就特别方便。

步骤1 单击"视图"选项卡下的"幻灯片母版"图标 即可进入幻灯片母版的设置窗口。

步骤2 为了美化幻灯片，同时起到宣传公司的效果，在每张幻灯片的左上角添加公司的 LOGO，此例单击"插入"选项卡下的"图片"，选择合适的公司 LOGO（配套素材下的 WPS LOGO1 和 WPS LOGO2）插入，并调整图标的大小和位置。母版设置窗口如图 4.38 所示。

图 4.38 "母版"设置窗口

步骤3 在图 4.39"幻灯片母版"选项卡中，还有"新标题母版"等功能模板，用户可以根据需要进行设置。

图 4.39 "幻灯片母版"选项卡

步骤4 母版设置完成后，单击"幻灯片母版"选项卡上的"关闭母版视图"按钮 ，即可退出母版的设置窗口。此时演示文稿中的每一张幻灯片都自动应用了统一的页面美化设置，此模板因为有些文本框对象遮盖，适当移动或删除左边灰色边框，以前两张为例，效果如图 4.40 所示。

图 4.40　幻灯片母版设置后效果图

5．插入新幻灯片

选择第2张幻灯片，单击"开始"选项卡下的"新建幻灯片 📄"下拉列表下的"新建幻灯片"按钮 📄 新建幻灯片 (N)，则添加了一张幻灯片作为第 3 张幻灯片，此幻灯片自动应用了母版效果。如图 4.41 所示。

图 4.41　应用了母版效果的新幻灯片

6．幻灯片中插入表格

在第 4 张幻灯片中插入公司旅游产品销售情况表，展示小李的销售情况。表格内容如表 4.1 所示。单击"插入 | 表格"按钮 ⊞，编辑方法同 WPS 文字中表格的制作。

表 4.1　旅游产品情况表

销售时间	销售类型	销售平均价格	销售总额
第一季度	欧洲	￥3.58万	￥90.96万
	非洲	￥4.18万	￥165.24万
	亚洲	￥1.16万	￥78.82万
第二季度	欧洲	￥3.8万	￥121.6万
	非洲	￥4.58万	￥195.72万
	亚洲	￥1.8万	￥147.16万

插入表格后的效果如图 4.42 所示。

图 4.42　幻灯片中插入表格

7．幻灯片中插入素材

选中第 3 张幻灯片，单击"插入|素材库"按钮 ⭐，在图 4.43 所示的"形状和素材"任务窗格的搜索栏输入"旅行"，单击放大镜搜索，与之相关的素材就被搜索出来。右键单击

喜欢的图片素材，选择"插入"命令，此时图片对象被插入到幻灯片中。利用海量的互联网资源，用户可以很方便地找到自己心仪的素材。

图 4.43　在幻灯片中插入素材

8．幻灯片中插入艺术字

所有的艺术字在办公软件中均被视为图片，用户可根据需要合理地选择相关的艺术字并设置格式。插入艺术字的具体步骤同 WPS 文字一致。

步骤 1　选择第 3 张幻灯片，再单击"插入 | 艺术字"选项卡图标 A，弹出"艺术字库"对话框，如图 4.44 所示。

图 4.44　"艺术字库"对话框

步骤 2　选择一种合适的"艺术字"样式，如本例选择第 3 行第 2 列对应的样式，再单击"确定"按钮。进入艺术字的编辑窗口。

步骤 3　输入艺术字内容"精彩的旅行"，设置字体为"华文行楷"，字号为 24。单击"确定"按钮，即可得到艺术字的效果。

步骤 4　右键单击艺术字内容，弹出快捷菜单，如图 4.45 所示，可以通过"设置对象格式"修改艺术字的格式设置。

步骤 5　在图 4.46 所示的对话框中，共有三个选项卡，分别为"颜色与线条"尺寸"位置"，可以通过这三个选项卡修改艺术字。

图 4.45 选择"设置对象"格式命令

图 4.46 "设置对象格式"对话框

9. 保存文档

单击标题栏中的"WPS 演示 | 文件 | 保存"命令，或者单击快捷工具栏中的"保存"按钮 🖫，从弹出的对话框中，选择保存文件的类型、设置保存路径及保存的文件名。本项目中保存的文件名为"旅游商务 PPT.ppt"。

【知识拓展】

1. 幻灯片的放映

幻灯片的放映方式可以决定幻灯片的播放顺序，一般放映方式有自定义放映、演讲者放映和展台放映等方式。

选择"幻灯片放映"下拉选项卡，显示图 4.47 所示的功能选项，可根据需要进行选择。

图 4.47 "幻灯片放映"选项卡

（1）自定义放映。

自定义放映是用户根据需要，可以自行调整幻灯片放映顺序。

步骤 1 单击"幻灯片放映 | 自定义放映"按钮 🖭，弹出图 4.48 所示的对话框，第一次设置自定义，一般在此对话框中没有任何信息，因此用户需要新建一个放映方式。

图 4.48 自定义放映设置窗口

图 4.49 新建自定义放映方式

步骤 2　单击图 4.48 中的"新建"按钮，进入图 4.49 所示的新建窗口，在此窗口中选择左边的幻灯片，双击依次添加到右边的放映窗口中，注意，此时的添加顺序决定了幻灯片的放映顺序，一般用户按照自己预定的顺序添加即可。如果添加的幻灯片放映顺序要调整，则可通过右边的上下键 进行调整。

步骤 3　设置完毕后，单击"确定"按钮即可完成自定义放映设置，在图 4.49 所示的对话框中即可出现一个"自定义放映 1"的放映方式名称。

（2）放映方式选择。

步骤 1　单击"幻灯片放映 | 设置放映方式"命令，弹出图 4.50 所示的对话框，在此对话框中，左边设置放映类型，如果选择"演讲者放映"，则投影时，由演讲者控制幻灯片的切换时机与放映时长；如果选择"在展台浏览"方式，则幻灯片自动循环播放幻灯片中的内容。

图 4.50　"设置放映方式"对话框

步骤 2　图 4.50 所示右边的"放映幻灯片"选项，用于设置播放哪些幻灯片。"全部"模式表示播放所有幻灯片；"从…到…"表示用户设置具体播放哪几张幻灯片，筛选出不需要播放的幻灯片；"自定义放映"则是按照自定义放映方式设置的顺序进行放映。

步骤 3　下方的"放映选项"与"换片方式"则用于设置放映幻灯片放映时是否循环放映以及幻灯片切换的方式。

（3）排练计时。

排练计时主要是方便用户在投影前，对每张幻灯片在演讲时播放的时长进行预演，通过预演效果，分析各幻灯片放映的时长。

步骤 1　单击"幻灯片放映 | 排练计时"命令，进入幻灯片放映模式，每放映一张幻灯片，用户讲解该幻灯片中的内容，并可以通过录音的方式，保存讲解的过程，讲解完毕后，即可切换至下一张幻灯片。当所有的幻灯片均播放完毕后，自动弹出图 4.51 所示的对话框，如果用户对此次预演效果比较满意，则可单击"是"按钮保存预演效果。

步骤 2　在"设置放映方式"对话框中，设置"换片方式"为"如果存在排练时间，则使用它"。这样，幻灯片在投影时，即可按照排练计时的方式投影给观众。

图 4.51　排练计时询问对话框

步骤3　单击"幻灯片放映 | 从头开始"命令，即可进入幻灯片的放映模式，幻灯片即可投影到整个屏幕。

2．幻灯片中表格样式功能

在 WPS 演示 2013 中，增加了丰富便捷的表格样式功能。软件自带有数十种填充方案的表格样式，用户仅需根据表格内容在其中进行选择，便可瞬间完成表格的填充工作，令幻灯片制作更加轻松。

设置表格样式可执行以下操作。

单击表格，在任务窗格中便会出现多个表格样式模板。模板的色彩风格分为淡、中、深三大类，用户可以根据表格内容来选择相应的配色方案。单击准备填充的表格，再单击表格样式模板，便可完成表格填充。利用任务窗格下部的"表格样式选项"功能，还可对表格中的特定行列进行单独调整。如图 4.52 所示。

图 4.52　表格应用样式

若觉得表格样式功能无法满足工作需要，或只想对原始表格做细微调整，那么还可以利用"表格和边框"工具对表格进行加工。选中想要调整的单元格，页面上会弹出"表格和边框"浮动工具栏，利用此工具栏，可进行拆分、合并单元格，平均分布行、列间距，色彩填充，以及表格边框风格等细节调整，如图 4.53 所示。

图 4.53　"表格和边框"工具

3．幻灯片的配色方案

配色方案是一组可用于演示文稿的预设颜色。整个幻灯片可以使用一个色彩方案，也可以分成若干个部分，每个部分使用不同的色彩方案。

配色方案由"背景""文本和线条""阴影""标题文本""填充""强调""强调文字和超链接""强调文字和已访问的超链接"8个颜色设置组成。方案中的每种颜色会自动应用于幻灯片上的不同组件。配色方案中的8种基本颜色的作用及其说明如下。

●背景：背景色就是幻灯片的底色，幻灯片上的背景色出现在所有的对象目标之后，所以它对幻灯片的设计是至关重要的。

● 文本和线条：文本和线条色就是在幻灯片上输入文本和绘制图形时使用的颜色，所有用文本工具建立的文本对象，以及使用绘图工具绘制的图形都使用文本和线条色，而且文本和线条色与背景色形成强烈的对比。

● 阴影：在幻灯片上使用"阴影"命令加强物体的显示效果时，使用的颜色就是阴影色。在通常的情况下，阴影色比背景色还要暗一些，这样才可以突出阴影的效果。

● 标题文本：为了使幻灯片的标题更加醒目，而且也是为了突出主题，可以在幻灯片的配色方案中设置用于幻灯片标题的标题文本色。

● 填充：用来填充基本图形目标和其他绘图工具所绘制的图形目标的颜色。

● 强调：可以用来加强某些重点或者需要着重指出的文字。

● 强调文字和超链接：可以用来突出超链接的一种颜色。

● 强调文字和已访问超链接：可以用来突出已访问超链接的一种颜色。

4．背景设置

如果对现有模板上的背景不满意，WPS演示2013提供了几十种背景填充效果，将其进行不同搭配，可产生风格各异的背景效果。同一演示文稿文件，既可使用相同背景设置，也可使用多种不同的背景设置风格美化幻灯片。

步骤1 在幻灯片的空白区域单击右键，从弹出的快捷菜单中选择"背景"命令，进入"背景"对话框，如图4.54所示。

步骤2 单击图4.54中的下拉列表框，选择"其他颜色"项，使用单色来填充背景颜色，从弹出的对话框（见图4.55）中选择"自定义"标签，设置颜色的RGB值依次为100、120、80，单击"确定"按钮，回到图4.54所示的对话框，单击"应用"按钮。

图4.54 "背景"对话框

图4.55 背景颜色的设置

说明：“应用”按钮只是将用户的设置应用于当前幻灯片，而“全部应用”按钮则将用户设置应用到所有幻灯片。

步骤 3　选择第 2 张幻灯片，单击图 4.54 中的下拉列表框，选择“填充效果”项，弹出如图 4.56 所示的“填充效果”对话框，在此对话框中，用户可以通过渐变颜色、纹理、图案或图片来填充背景颜色。

步骤 4　以“渐变填充”为例，单击“渐变”标签，在此选项卡中可以通过“单色、双色或预设”三种方式设置背景颜色，选择“预设”方式，在右边的“预设颜色”下拉列表中选择“雨后初晴”效果，再设置“底纹式样”为“斜下”，变形式样为第二行第一个，如图 4.57 所示。

图 4.56　“填充效果”对话框

图 4.57　设置“预设颜色”

步骤 5　单击图 4.54 中的“应用全部”按钮，则可将此“雨后初晴”的预设颜色效果应用到整个演示文稿的所有幻灯片，如图 4.58 所示。

图 4.58　背景颜色设置效果图

【技能提升】

1. 插入 Flash 文件

Flash 文件在目前计算机应用领域内发展非常迅猛，在应用方面有其自身独有的特征。

首先，使用 Flash 创建的元素是用矢量来描述的。与位图图形不同的是，矢量图形可以任意缩放尺寸而不影响图形的质量。其次，流式播放技术使得动画可以边下载边播放，即使后面的内容还没有下载到硬盘，用户也可以开始欣赏动画。另外，还可以将 MP3 音频压缩格式的文件直接导入 Flash 中，使得音乐、动画、图像等融为一体。

为了给演示文稿增加灵活性和漂亮的动画效果，WPS 演示还支持 Flash 文档的插入与演示。

步骤 1 选择项目 2 的第 3 张幻灯片，单击"插入 | Flash"按钮 ，弹出图 4.59 所示的对话框。

图 4.59　Flash 文件选择对话框

步骤 2 从上述对话框中选择文件类型为"Flash 文件（*.swf）"，然后选择需打开的 Flash 文件，如配套素材"静夜思.swf"，单击右下角的"打开"按钮，即可插入对应的 Flash 文件。进入放映视图，如图 4.60 所示，Flash 文件效果起作用了。

图 4.60　Flash 文件插入效果图

2．设置动画的运动方向

"添加动画"效果菜单包括"进入""强调""退出""动作路径"4个选项。

"动作路径"选项是用于指定相关内容放映时动画所通过的运动路径。"动作路径"的设置可以使得幻灯片在播放的时候更加具有灵活性，给人耳目一新的感觉。在WPS演示软件中，幻灯片中的对象可根据用户事先定义的路径进行流动播放。例如项目2第2张幻灯片，要设置"动作路径"，具体效果如图4.61所示，制作步骤如下。

图 4.61　利用"动作路径"设置动画运动方向

步骤 1　选定项目2第2张幻灯片，从第1张幻灯片中复制图片飞机过来，适当调整大小和方向。以便利用此飞机的运动轨迹来阐述展示的顺序。

步骤 2　选择"飞机"图片，单击"动画 | 自定义动画"选项，进入如图4.62所示的"自定义动画"设置任务窗格。

图 4.62　自定义动作路径

步骤 3　单击"添加效果 | 动作路径 | 绘制自定义路径 | 自由曲线"命令，这时光标转换成实心的十字架，设置第 1 个"飞机"图片的动作起始点与结束点。一般可根据实际需要选择合适的路径。其中绿色的三角形▷表示"飞机"图片的起始点，而红色的三角形◤表

示动作的结束点。

步骤 4 复制第 1 个"飞机"图片至第 1 个动作结束点,旋转方向,再选择第 2 个"飞机"图片对象,用同样的方式设置后续的运动路径。

步骤 5 当所有对象均已设置完毕后,在幻灯片界面将出现如图 4.61 所示的窗口,图中的虚线分别表示各对象的运动轨迹。

此时右侧"自定义动画"设置任务窗格下方会出现各对象的设置效果名,如图 4.63 所示。

图 4.63　动作设置效果的修改

步骤 6 上述步骤设置完毕后,则可通过幻灯片的放映查看设置的效果。此时的"飞机"图片会按用户设置的方向、速度运动。

课后练习

1. 新建一个 WPS 演示文档,做一个个人简历。相关要求如下。

（1）应用模板。选择一种合适的模板应用于整个幻灯片,同时设置主题的文字颜色、字体、字号等。

（2）应用幻灯片版式。

√ 将第 1 张幻灯片的版式设计为"标题幻灯片";

√ 将第 2～5 张幻灯片的版式设置为"标题与文本";

√ 最后一张幻灯片的版式设置为空白幻灯片。

（3）修改幻灯片母版。

√ 修改母版文本样式中的第一、二级项目符号;

√ 为所有幻灯片的顶部添加一行文本,文本的内容为"个人简历制作实例"。

（4）修改背景颜色。

√ 将第 5 张幻灯片的背景设置为填充预设"麦浪滚滚";

√ 为第 6 张幻灯片添加图片背景。

（5）添加幻灯片编号。

√ 为每张幻灯片添加编号。

2. 公司中的"产品推介"常用于新产品的宣传，因此制作的宣传演示文稿既要充分渲染主题，又要精彩引人，要求制作者在制作前充分了解产品功能、特点，做好产品文字资料和图片资料的收集，请根据提供的素材，制作一个产品推荐的宣传演示文稿，要求如下。

（1）添加宣传材料的主副标题；

（2）请根据素材增、减幻灯片，设置合适的幻灯片版式；

（3）在合适的幻灯片中添加文字、图片或影片等对象内容；

（4）设置幻灯片的切换效果为扇形打开；

（5）设置幻灯片中各对象的动画效果为"依次渐变、上升、下降"等效果；

（6）通过排练计时的方式依次播放幻灯片，查看各幻灯片的播放时间，并保存排练计时的预演效果。

PART 5
第 5 章
WPS 的网络应用

WPS Office 2013 轻巧的身形，具有强大的文字处理、电子表格、演示文档等功能模块，其在线模板、海量素材、快盘云存储、网络轻办公、邮件管理等功能则具有鲜明的互联网特色。使用 WPS 轻办公和 Android 平台的移动 WPS Office，可以随时随地地阅读、编辑和保存文档，还可将文档共享给工作伙伴。跟随你各处行走的办公软件，可以让你享受随时随地办公的乐趣！

本章通过实例全面系统地介绍了手机上网、浏览网页、WPS Office 2013 的在线资源应用和 WPS 轻办公以及手机 WPS 移动办公等多方面的网络功能应用。

项目 1   手机上网

【项目描述】

某公司组织员工去张家界自驾游，Sanny 作为本次活动的领队，负责此项目。她需要查找张家界景点旅游线路规划和酒店预订。

【技术分析】

网络已经覆盖到人们生活的各个方面，上网已经成为人们不可或缺的生活方式。在我们生活和工作中遇到问题，人们已经习惯靠网络来找到解决办法。手机浏览网页具有让消费者随时、随地、随身访问的优势和方便快捷的不可取代的特点。这里我们利用手机上网方便快捷地查找到旅游线路规划和酒店预订。

【项目实施】

1．查找旅游线路规划

步骤 1   在手机屏幕上找到 UC 浏览器图标 ，单击它进入 UC 浏览器界面，如图 5.1 所示。单击"百度"选项 百度 ，进入百度搜索界面，如图 5.2 所示。

图 5.1 UC 浏览器界面

图 5.2 百度搜索界面

步骤 2 在百度搜索栏中输入查找关键词"张家界旅游简介",单击右边的"百度一下"按钮,查看搜索后的内容,如图 5.3 所示。

图 5.3 搜索"张家界旅游简介"

图 5.4 蚂蜂窝网项目选择界面

步骤 3 单击图 5.3 中的"2014 张家界旅游最新游记攻略(共 6522 篇)",进入蚂蜂窝网的选择界面,如图 5.4 所示。单击图 5.4 的"攻略"选项进入图 5.5 左侧所示界面。

图 5.5　蚂蜂窝网张家界攻略

步骤4　在图 5.5 左侧所示的界面中用手指翻滚屏幕找到"自驾"选项，如图 5.5 右侧所示。单击"自驾"可以看到图 5.6 左侧所示的自驾路程简介和详细线路说明，用手指向下翻滚页面，可以看到图 5.6 右侧所示的线路地图。

图 5.6　自驾路程简介和详细线路说明

2．酒店预订

步骤1　在 UC 浏览器中找到"百度"搜索界面，输入"张家界旅游景点"，如图 5.7 所示，单击图 5.7 中的第 3 条链接选项"去张家界旅游携程推荐张家界必住……"打开携程网酒店预订界面，如图 5.8 所示。

图 5.7　搜索"张家界旅游景点"

图 5.8　携程网酒店预订界面（1）

步骤2　在图 5.8 中向下翻滚页面，找到便宜、评分又高的经济型酒店"张家界金富利度假村"，如图 5.9 所示。单击后打开图 5.10 所示的酒店房间预订界面。

图 5.9　携程网酒店预订界面（2）

图 5.10　酒店房间预订界面

步骤3　选择合适的房间，单击"预订"按钮就可以用手机预订房间了。

【知识拓展】

1．手机上网

越来越多的人希望在移动的过程中高速地接入互联网，获取急需的信息，完成想做的事情。所以，出现移动与互联网相结合的趋势是历史的必然。移动互联网正逐渐渗透到人们生活、工作的各个领域，短信、铃图下载、移动音乐、手机游戏、视频应用、手机支付、位置服务等丰富多彩的移动互联网应用迅猛发展，正在深刻改变信息时代的社会生活，移动互联网经过几年的曲折前行，终于迎来了新的发展高潮。

手机上网（WAP）是移动互联网的一种体现形式，是指利用支持网络浏览器的手机通过WAP协议，同互联网相连，从而达到网上冲浪的目的，是传统电脑上网的延伸和补充。手机上网具有方便性、随时随地性，且已经越来越广泛，逐渐成为现代生活中重要的上网方式之一。3G网络的开通，使得手机上网开始正式进入人们的生活。

随着向手机智能化方向发展，安装了操作系统和浏览器的手机，其功能和电脑是很相似的（这种智能手机也就是"口袋个人电脑"PPC），使用这种手机可以通过GPRS上网浏览几乎所有的www网站（无论网站是不是专门的WAP网站），而且还可以安装专门为手机设计的程序，如手机炒股、QQ、MSN等。由于手机的屏幕尺寸和CPU处理能力有限，因此专门为手机进行优化的网站更便于用户浏览。

2．WAP无线应用协议

手机上网经常会用到WAP这一概念，一些专门在手机上浏览的网站往往称为WAP网站。

WAP（Wireless Application Protocol，无线应用协议）是一个开放式的标准协议，可以把网络上的信息传送到移动电话或其他无线通信终端上。WAP是由爱立信（Ericsson）、诺基亚（Nokia）、摩托罗拉（Motorola）等通信业巨头在1997年成立的无线应用协议论坛（WAP Forum）中所制定的。它使用一种类似于HTML的标记式语言WML（Wireless Markup Language），并可通过WAP Gateway直接访问一般的网页。通过WAP，用户可以随时随地利用无线通信终端来获取互联网上的即时信息或公司网站的资料，真正实现无线上网。CMWAP多用于浏览WAP开头的网站。CMNET可以浏览WWW网站。

通过WAP这种技术，就可以将Internet的大量信息及各种各样的业务引入到移动电话、Palm等无线终端之中。无论你在何地何时，只要你需要信息，你就可以打开你的WAP手机，享受无穷无尽的网上信息或者网上资源。

3．移动互联网

商家和企业面向消费者提供的应用和服务向3G平台迁移已是大势所趋，移动互联网必将比传统互联网具有更高的商业价值。

移动互联网（Mobile Internet，简称MI）是一种通过智能移动终端，采用移动无线通信方式获取业务和服务的新兴业务，包含终端、软件和应用三个层面。终端层包括智能手机、平板电脑、电子书、MID等；软件层包括操作系统、中间件、数据库和安全软件等；应用层包括休闲娱乐类、工具媒体类、商务财经类等不同应用与服务。随着技术和产业的发展，未来，LTE（长期演进，4G通信技术标准之一）和NFC（近场通信，移动支付的支撑技术）等网络传输层关键技术也将被纳入移动互联网的范畴之内。

随着宽带无线接入技术和移动终端技术的飞速发展，人们迫切希望能够随时随地乃至在移动过程中都能方便地从互联网获取信息和服务，移动互联网应运而生并迅猛发展。然而，移动互联网在移动终端、接入网络、应用服务、安全与隐私保护等方面还面临着一系列的挑战。其基础理论与关键技术的研究，对于国家信息产业整体发展具有重要的现实意义。

4．UC浏览器

UC浏览器是一款把"互联网装入口袋"的主流手机浏览器，由优视科技（原名优视动景）公司研制开发。兼备cmnet、cmwap等联网方式，速度快而稳定，具有视频播放、网站导航、搜索、下载、个人数据管理等功能。

UC 浏览器是一款全球领先的智能手机浏览器，拥有独创的 U3 内核和云端架构，完美地支持 HTML5 应用，具有智能、极速、安全、易扩展、省电、省流量等特性，无论是阅资讯、读小说、看视频，还是上微博、玩游戏、网上购物，都能让用户享受最流畅、便捷的移动互联网体验。

【技能提升】

1．浏览历史记录网页

在 UC 浏览器中，如果想浏览曾经看过的网页，无须重新搜索，只需打开 UC 浏览器的历史记录找到该网页，即可重新浏览，具体操作如下。

步骤 1　打开 UC 浏览器，单击浏览窗口最下面的"选项"按钮 ≡，在手机下半部打开浏览器选项窗口，如图 5.11 所示。

图 5.11　UC 浏览器选项窗口

图 5.12　"历史记录"窗口

步骤 2　在图 5.11 所示的"选项窗口"内单击"书签/历史"按钮 ☆，选择"历史"选项卡，打开"历史记录"窗口，如图 5.12 所示。在窗口内用手指翻动屏幕，找到需要重新浏览的页面项，然后单击它就可重新浏览该页面了。

2．将网页保存到"收藏网址"

在 UC 浏览器中，如果有些浏览过的网页比较重要，以后还需再次浏览，比如本项目中浏览的"张家界旅游线路"网页，在整个旅游过程中需要多次查阅，我们可以把该网页设为收藏网址，便于以后浏览。具体操作如下。

步骤 1　打开需要保存的页面，单击浏览窗口最下面的"选项"按钮 ≡，打开 UC 浏览器的选项窗口，如图 5.11 所示。

步骤 2　单击"收藏网址"按钮 ☆，打开"收藏网址"窗口，如图 5.13 所示，在"名称"框内输入文字"张家界自驾游线路"，然后确定。

图 5.13 "收藏网址"窗口

图 5.14 "书签"窗口

步骤 3 在图 5.11 所示的"选项"窗口内单击"书签/历史"按钮 ，选择"书签"选项卡，打开"书签"窗口，如图 5.14 所示。在窗口内找到需要重新浏览的页面项，然后单击它就可重新浏览该页面了。

项目 2 WPS 在线资源应用

【项目描述】

某高校刚毕业的学生 Andy 应聘到一家公司做文员，公司经常需要她制作各种报告、公文、表格及市场分析演示等文档。可是她刚毕业，对于各种类型的公司文档制作没有足够的经验，如何才能又快又好地解决所有事项呢？于是她想到了"WPS 在线资源"……

【技术分析】

WPS 为用户准备了各式各样的模板，如报告总结、财务报表、人力资源、求职简历、文书公文、思想汇报、教学课件等，可谓应有尽有。

WPS 在线素材中的按钮、图标、结构图、流程图等专业素材可将你的思维和点子变成漂亮、专业的图文格式付诸于文档、演示和表格。

利用"WPS 在线资源"，Andy 轻松又完美地解决了办公难题。

【项目实施】

1．在线模板的应用

操作 1：从 WPS 首页启动模板

WPS Office 2013 将全新的模板界面整合在了 WPS"首页"中，只要轻轻单击便可直接应用。

（1）根据需要，双击桌面的 WPS 图标 （或 、 ），可选择打开 WPS 首页启动模板窗口，如图 5.15 所示。

图 5.15 启动模板窗口

（2）从模板窗口左侧的模板分类中挑选所需类别，比如"办公范文"，如图 5.16 所示。

图 5.16 "办公范文"选择窗口

（3）在"办公范文"选择窗口内选择需要的选项，即可实现快速文档编辑。

（4）通过双击桌面的 WPS 图标 P 或 S，在相应的类型选择窗口中选择所需项目，即可实现快速表格和演示文档编辑。

（5）通过以上方式，结合前面章节介绍的具体操作方法就可轻松又完美地完成各类文档的制作。

操作 2：从 WPS WEB 端启动网页模板

除了从工具栏启动 WPS 模板之外，我们还可以登录 WPS Office 官网模板下载频道，在搜索框输入具体的关键词（如节日贺卡、求职简历、工作总结等）就可以下载许多漂亮的模板。

（1）打开 IE 浏览器，输入"http://docer.wps.cn/"，进入 WPS Office 官网模板下载页面，如图 5.17 所示。

图 5.17　WPS Office 官网模板下载页面

（2）在模板下载页面右侧"模板分类"中找到"常用办公模板"，单击右侧图标 ⊕ 更多，进入"分类索引目录"，如图 5.18 所示，然后选择所需项。

图 5.18　分类索引目录

（3）或者在搜索栏输入所需查找内容，如"产品介绍"，然后单击"搜索"按钮，便可找出与产品介绍有关的模板内容，如图 5.19 所示。

图 5.19　搜索结果

（4）在搜索窗口内单击满意的模板右侧的"立即查看"按钮 立即查看 ，进入查看窗口，如图 5.20 所示。

图 5.20　查看窗口

（5）单击 立即下载 按钮，弹出下载对话框，如图 5.21 所示，单击"下载"按钮开始下载，完成便会得到一个图 5.22 所示的文件图标。双击打开便可实现快速文档编辑。

图 5.21　下载对话框　　　　　　　　　　图 5.22　文件图标

操作 3：WPS 模板一键微博分享

在使用了一个很不错的模板解决了办公难题后，一定希望能够将它快速分享给其他人。WPS Office 2013 有一项非常有特色的功能，就是一键微博分享模板。

在 WPS 模板的首页，每一个模板名称的旁边都可以看到一个蓝色的小符号 ，如图 5.23 所示。单击符号 就可以看到"分享到…"菜单，如图 5.24 所示，选择需要的选项就可以将这些漂亮的模板一键分享到新浪微博、腾讯微博。如图 5.25 所示。

图 5.23　WPS 模板的首页

图 5.24　分享菜单

图 5.25　微博分享

现在正值大学求职高峰期，发现有好用的个人简历模板，用 WPS 一键微博分享的方法来向好朋友推荐，也是非常方便的。

2．在线素材的使用

（1）打开 WPS 文字工具，新建一篇文档，如图 5.26 所示。

图 5.26　新建文档窗口

（2）单击"插入"菜单下面的"素材库"按钮 ，打开素材库窗口，如图 5.27 所示。素材库是 WPS 文字提供的网上素材，电脑一定要联网之后才可以使用。

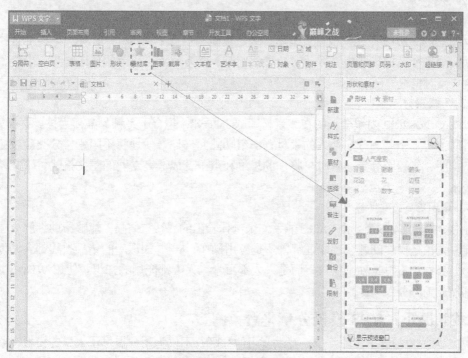

图 5.27　素材库窗口

（3）在搜索框里面搜索我们所想要的素材内容，然后插入到文档里面，例如我们搜索"计算机"，在搜索栏输入"计算机"，单击"放大镜"按钮或者直接按回车键搜索素材。找到我们所喜欢的图片，然后直接拖入文档中，如图 5.28 所示。

图 5.28　搜索窗口

【知识拓展】

1．在线模板

WPS Office 2013 在线模板首页全新升级，更新了上百个热门标签让你更方便地查找，你还可以收藏多个模板，并将模板一键分享到论坛、微博。无论是节假日还是热点事件，模板库都会"与时俱进"随时更新。

2．在线素材

WPS Office 2013 内置全新的在线素材库"Gallery"，集合千万精品办公素材。不仅如此，你还可以上传、下载、分享他人的素材，群组功能允许你方便地将不同素材分类。按钮、图标、结构图、流程图等专业素材可将你的思维和点子变成漂亮专业的图文格式付诸文档、演示和表格。

3．知识库

在 WPS 知识库频道，由 Office 能手们亲身体验出的"智慧结晶"能够帮助你解决一切疑难杂症。无论是操作问题、功能理解，还是应用操作，WPS 知识库的精品教程都会助你一臂之力，办公技巧不再是独家秘诀，而是人人都可学、人人都能用的知识。使用 WPS 知识库，人人都能成为办公专家。

【技能提升】WPS 模板分享平台

WPS 为用户创造了资源共享、互助学习的社区，不仅为用户提供了大量的模板在线下载服务，还为用户自定义模板开设了模板分享平台，大大方便了用户之间的互动交流，使得 WPS 的模板库更加丰富多样。

（1）如果你有好的模板想分享给大家，你可以在在线模板网页左上角单击 上传作品 按钮，来进行模板上传操作，如图 5.29 所示。

图 5.29 在线模板网页

（2）单击"上传作品"按钮后进入"上传文档"窗口，如图 5.30 所示。

图 5.30 "上传文档"窗口

（3）单击"上传文档"按钮，弹出文件选择窗口，如图 5.31 所示。

图 5.31 文件选择窗口

（4）选择需要上传的文档，单击"打开"按钮，网页显示上传界面，如图 5.32 所示。

图 5.32　上传界面

（5）上传完成后，填写文档信息然后选择保存，如图 5.33 所示，单击"保存信息"，WPS 模板分享就完成了。

图 5.33　文档信息编辑网页

项目 3　安卓（Android）平台的移动 WPS Office

【项目描述】

职场上的各位朋友是否遇到过突然需要撰写或者查阅一份文件却苦于手边没有电脑的情况呢？

Jack 是某公司职员，正在异地出差，突然接到经理电话，说是有一个重要文档需要他马上撰写，但是他未带笔记本电脑出门，于是他想到了 WPS 的 Android 办公平台。

他利用手机上网查找和分析资料，使用 Android 平台的移动 WPS Office 办公，顺利完成了该重要文档的制作。

【技术分析】

随着现代办公科技的不断进步，手机办公软件业应运而生，而在众多手机办公软件中，金山集团的 WPS Office 手机软件走在了行业的前列。

2014 年 3 月 25 日，WPS 6.0 for Android 正式发布，个人版永久免费，体积小、速度快；独有手机阅读模式，字体清晰、翻页流畅；完美支持微软 Office、PDF 等 23 种文档格式；具备文档漫游功能，等等。

只需在手机上安装 WPS 6.0 for Android，就可以实现随时随地轻松办公。

【项目实施】

安卓（Android）平台的移动 WPS Office 操作和 PC 机操作基本相同，这里主要对 Android

平台界面做具体介绍。

1．文字 Writer 文档的创建、编辑

WPS Office 文字模块具备更多编辑功能，从字体到段落，灵活编辑，还提供修订和批注这样的专业功能。

（1）单击手机桌面 图标，进入 WPS Office 应用。在页面下方选择"新建"按钮，可新建空白文档、空白演示、空白表格或便笺，如图 5.34 所示。

图 5.34　新建空白文档、空白演示、空白表格或便笺

（2）通过单击"工具"按钮 ，可调用各种类型工具对文档进行掌上编辑，随时随地享受便捷办公。 WPS Office 移动版支持本地和在线存储文档的查看和编辑。编辑功能包括常用的文字编辑、格式处理、表格、图片对象等功能。手指轻点触屏即可操控，直观快捷。

（3）在 WPS Office 文字模块中，具有字体设置功能，支持接受修订及拒绝修订，支持修订表格属性以及段句属性，支持保存 2003 及 2010 版格式的所有对象及其属性。图 5.35 及图 5.36 分别为字体设置与修订功能的示例。

图 5.35　字体设置

图 5.36　修订功能

（4）在 WPS Office 文字模块中，还具有段落设置功能，以及图片和表格等的插入能，如图 5.37 所示。

图 5.37　段落设置功能及插入功能

2．演示 Presentation 文档的创建、编辑

（1）点击 图标，进入 WPS Office 应用。在页面下方选择"新建"按钮，然后单击"空白演示"项，即可新建一个新的演示文档。可直接双击文本编辑区域进行内容输入。如图 5.38 所示 。

图 5.38　演示文稿编辑窗口

（2）在 WPS Office 演示模块中，同样具有字体和段落设置功能，如图 5.40 所示。亦可通过单击"工具"，在文档中插入新的文本框或图表、表格、图表、备注等内容。对所选定的对象，还可进行进一步的编辑与修改。如图 5.39 所示。

图 5.39 演示文稿的图表及图片插入

（3）演示文稿提供了多种播放选择，还可通过局域网与其他放映设备实现共享播放。通过支持 Miracast、DLNA、米联的设备进行无线扩展投影，还可通过一部安装了 WPS Office 移动版的智能设备遥控其他安装了 WPS Office 移动版的设备上的文件同步播放和展示。如图 5.41 所示。

图 5.40 演示文稿段落设置   图 5.41 其他放映设备共享播放

3．表格 Spreadsheets 文档的创建、编辑

（1）点击 图标，进入 WPS Office 应用。在页面下方选择"新建"按钮，单击"空白表格"项，即可新建一个新的电子表格文档。可直接双击单元格进行文本或数据的输入和处理。如图 5.42 所示。

图 5.42　"新建表格"窗口

（2）单击图 5.42 中的"工具"按钮 ，可选择各类表格组件，表格组件为使用者提供了各种图表来显示数据。使用引人入胜的图表、图形和工具，让内容一目了然，不再枯燥。如图 5.43 所示。

图 5.43　表格的单元格及数据处理

（3）此外，WPS Office 6.0 的表格组件还能解决更多计算难题，表格组件中拥有超过 300 种函数运算公式。表格组件独创的公式输入器，可以实现复杂公式的输入。可轻轻松松完成各种复杂公式的编写，不仅精准而且快速。输入需要的函数，或者选择 $f(x)$ 后，选择需要的函数，如图 5.44 所示。

图 5.44　表格函数运算

4．PDF 阅读器

WPS Office 6.0 的 PDF Reader 组件（见图 5.45）专为手机阅读而设计。它能够根据手机屏幕的比例因地制宜地重新排列 PDF 文档的内容，使手机屏幕能够合理地显示 PDF 文档中的信息，让使用者阅读更加舒适。

图 5.45　WPS Office 6.0 的 PDF Reader 组件

手机阅读模式开创性地解决了 PDF 文档和 PDF 电子书在手机屏幕上阅读的不便。由于手机屏幕大小的局限，传统阅读器需要不断放大、缩小和移动文档才能查看完整文档内容，而手机阅读模式通过智能检索 PDF 内容，并重新组织它们，让它们按照手机屏幕的比例来呈现，并调整文字到合适的大小，让阅读更加舒适自然。

【知识拓展】

（1）强大的邮件"亲密"集成，轻松编辑发送附件。金山 WPS Office 移动版强大的邮件集成可让用户轻松编辑并发送附件，文档附件瞬时送达。

（2）支持多种文档格式，管理文档更方便。金山 WPS Office 移动版完美支持多种文档格式，如 doc、docx、wps、xls、xlsx、et、ppt、dps、pptx、txt……文档的查看及编辑。内置文件管理器可自动整理用户的办公文档，让文档管理更轻松。

（3）集成金山快盘，"云存储"让一切更简单。金山 WPS Office 移动版在 Android 上可以对云存储上的文件进行快速查看及编辑保存，文档同步、保存、分享将变得更加简单。

（4）WPS（Wi-Fi Protected Setup）。WPS 用于简化 Wi-Fi 无线的安全设置和网络管理。它已支持两种模式：个人识别码（PIN）模式和按钮（PBC）模式。WPS 设置，即 Wi-Fi 保护设置，用户可以根据客户端的支持，选择合适的模式。通过 WPS，AP 和客户端可以自动地进行安全设置，用户只需简单地单击按钮或输入 PIN 就可以了。在有些客户端或路由器上，WPS 也称为 WSC（Wi-Fi 简单设置）。

【技能提升】利用 WPS Office 移动版进行邮件收发

WPS Office 移动版专为 Android 平板用户设计和推出。出差在外的朋友们用手机做的最频繁的事情无外乎收发邮件、编辑和查看文字文档、熟悉演示文档等。与公司总部联系最为密切的工作就是及时收发邮件。WPS Office 移动版让你在编辑文档之后无须单独打开邮件应用就可以发送邮件。

打开 WPS Office 移动版应用，单击"信件"图标就会出现闪烁着绿色背景的下拉列表。如图 5.46 所示。

单击"邮件发送"按钮就会打开邮件标题和正文编辑页面，这时候附件已经自动加载好了，如图 5.47 所示。同时用户还可以上传至快盘，便于在任何可联网的设备中连续编辑一个文档。

图 5.46　下拉列表　　　　　图 5.47　邮件标题和正文编辑页面

此功能需要预先设置好绑定的邮件应用。以笔者的三星 S4 为例，需要进入手机的"设置"／"账户与同步"／"添加账户"菜单，选择你习惯使用的邮箱，再回到 WPS Office 移动版界面就可以调用这个邮箱发送邮件了。

其实 WPS Office 的功能远不止这些，更多的强大功能，还需要大家自己在使用中自己体会。相信大家一定会爱上这款办公软件的。

项目 4　轻办公

【项目描述】

公司派小刘到杭州去做一个项目的技术支援。任务非常紧急，小刘只来得及带上一台笔记本电脑就匆匆出发了。当天下午到了杭州项目现场，小刘发现问题确实相当棘手。当天晚上入住宾馆后，小刘仍在对问题苦思冥想。小睡后的第二天凌晨，小刘终于初步想出一个解决方案，但其中涉及的一个技术参数无法确认。要确认该参数，必须查阅好几个相关文件，而这几个文件却存放在另一台笔记本电脑里。

【技术分析】

小刘只好请求同事帮助，将另一台笔记本电脑里的几个相关文件用互联网传送过来。由于那几个文件体积较大，宾馆网速又慢，文件传输得并不顺利。

小刘心想，要是早用上 WPS 轻办公就好了。

【项目实施】

1．登录 WPS 轻办公

打开浏览器，在地址栏中输入 http://qing.wps.cn 并按回车键；或者在 Windows 7 界面中双击"轻办公"图标，即可打开 WPS 轻办公的登录界面。如图 5.48 所示。

图 5.48　WPS 轻办公登录界面

目前，WPS 轻办公可用 QQ 账号、WPS 账号、小米账号或新浪账号登录。登录后即可进入 WPS 轻办公主操作界面，如图 5.49 所示。

图 5.49　WPS 轻办公主操作界面

2. 上传文件

单击图 5.48 所示的 WPS 轻办公主操作界面中的"上传文件"按钮 ，弹出"打开"文件窗口，选择需要的文件后确定，出现文件上传完成界面，如图 5.50 所示。

图 5.50　文件上传界面

3. 预览文件

在 WPS 轻办公主操作界面中选定一个文件，然后单击文件名右边的"预览"按钮，即可预览该文件，如图 5.51 所示。

图 5.51　"预览"按钮

4. 云编辑

选定一个文件，然后单击文件名右边的"云编辑"按钮，即可在线编辑该文件。实现文档云编辑，实时保存到圈子，如图 5.52 所示。

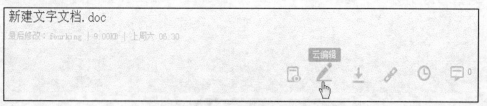

图 5.52　"云编辑"按钮

5. 下载

选定一个文件，然后单击文件名右边的"下载"按钮，即可将该文件下载到本地，实现云端文档下载到本地，如图 5.53 所示。

图 5.53　"下载"按钮

6. 轻地址

选定一个文件，然后单击文件名右边的"轻地址"按钮，即可将该文件地址分享给同事、朋友，可使他们在 PC 或安卓端随时打开或编辑该文件，如图 5.54 所示。

图 5.54　"轻地址"按钮

7. 编辑历史

选定一个文件，然后单击文件名右边的"历史"按钮，即可查看和下载该文件的编辑历史，如图 5.55 所示。

图 5.55　"历史"按钮

8. 删除和备注

选定一个文件，然后单击文件名右边的"删除"按钮，即可将该文件删除。选定一个文件，然后单击文件名右边的"备注"按钮，即可为该文件添加备注，如图 5.56 所示。

图 5.56　"删除"和"备注"按钮

9. 新建文档

在 WPS 轻办公主操作界面中单击"新建 Office 文档"按钮，即可在云端新建文档，如图 5.57 所示。

图 5.57　新建文档

10. 新建文件夹

在 WPS 轻办公主操作界面中单击"文件"选项卡，然后单击"新建文件夹"按钮，即可在云端新建文件夹，如图 5.58 所示。

图 5.58　新建文件夹

11. 回收站

和 Windows 操作一样，单击"回收站"按钮，即可还原或彻底删除文件，如图 5.59 所示。

图 5.59 回收站

【知识拓展】

● 轻办公。

轻办公可以实现多人、多平台、多文档的协作办公体验，它可以直接对编辑的文档进行存储，而后用户可以建立一个圈子，把与该文档相关的人加进圈子，大家就可以在圈子里针对文档进行讨论、修改。

目前的核心功能有文档云存储、轻地址、云编辑、圈子协作、讨论和文件历史版本等。

抛弃传统的邮件、QQ 带来的烦琐传送，轻办公给你带来前所未有的新体验！

● 文档云存储。

使用 WPS 客户端或轻办公客户端，用户可以将文件保存或上传到云端，通过电脑、手机或者轻办公的网页随时随地打开、编辑、保存轻办公中的文档，不再需要携带 U 盘或担心文件丢失。云端文件可存储在私人空间或圈子中，可个人使用，也可多人协作。

● 文档云编辑。

通过轻办公云编辑功能，用户可以在轻办公客户端或网页中直接调用本地程序打开云端文档，编辑完成后保存，文档会自动保存回轻办公。无须手动下载上传，并且不受本地应用程序限制，本地能编辑的文件，都可以在轻办公中的云端编辑。

● 多平台使用。

WPS 轻办公目前支持网页端、Windows 客户端、Android 客户端，接下来还会开发 iOS 客户端。用户可以随时随地查看、编辑你的文档，发布你的工作、记录你的灵感。

● 圈子易协作。

创建轻办公圈子，用户可以很方便地将一群人、一个项目集中到一个圈子中来。利用圈子，用户可以保存分享文件，并发起对文件的讨论和修改，使文件组织更有条理。也可以在圈子中直接发布讨论或者单独@成员名字，让沟通变得更快速。

将文件上传到圈子之后，圈子内的人员都可以对文档进行查看和编辑，不需要再通过邮件和聊天工具来分享，团队协作更高效。同时，圈内人员对文件的修改都可以从该文档的历史版本中找回。

● 历史版本追踪。

历史版本功能可以查看和下载文件的修改记录。用户无须再为不同版本的文件取不同的名字，其他人修改编辑之后的文件也会在历史版本中显示。轻办公文件默认显示的是最新版本。

● 发送轻地址。

轻地址，让用户没有圈子就能快速将文档进行跨平台、多人协同编辑。10 秒钟，将文档扫一下二维码发送到手机，贴到微信或米聊中由大家编辑。已发送和收到的轻地址文件会显示在轻办公的"轻地址"里。

【技能提升】

WPS轻办公有一个很重要的功能，就是能够创建"圈子"。一个"圈子"可以将一群人集中到一个项目中来。

1. 新建圈子

在WPS轻办公主操作界面中单击"我的圈子"以展开列表，然后单击"新建圈子"按钮即可开始创建新圈子。这里有四种圈子可选，根据会员级别不同，可以创建不同圈子。如图5.60所示，在名称栏内输入文字"编辑团队"，然后单击"确定"按钮，即可完成圈子的建立。

图5.60　新建圈子

2. 给圈子添加文件

在WPS轻办公主操作界面左侧选择需要操作的圈子，然后单击"上传文件"或"新建文件"按钮，如图5.61所示。

图5.61　上传或新建文件

3. 圈子讨论

（1）新建讨论。单击图5.62中的"新建讨论"按钮，即可进行圈子讨论。圈子讨论是圈子里面成员之间的一种交流方式，并不是对某个文件的操作。

图 5.62　圈子讨论

单击"@"按钮，可召唤圈子成员进行讨论，如图 5.63 所示。

图 5.63　召唤圈子成员

（2）删除讨论。单击讨论右上角的"删除"按钮，即可删除该条讨论，如图 5.64 所示。

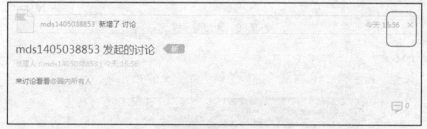

图 5.64　删除讨论

4．圈子文件管理

单击"文件"选项卡，可对圈子中的文件进行管理，如图 5.65 所示。

图 5.65　文件管理

5．添加圈子成员

单击"成员"选项卡，单击"添加成员"按钮，打开"邀请朋友加入圈子"窗口，在该窗口中可添加圈子成员，如图 5.66 所示。

图 5.66 添加圈子成员

6．圈子管理

单击"设置"按钮 ，可对圈子进行管理，如图 5.67 所示。

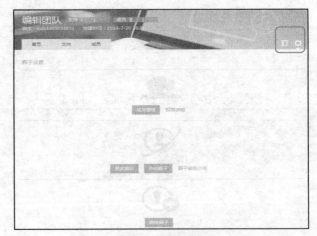

图 5.67 圈子管理

第6章
考试策略及试题精解

全国计算机等级考试（简称 NCRE）是面向全社会的计算机应用能力的水平考试，目前已成为国内参加人数最多、影响最大的计算机水平考试。该考试的目的在于适应市场经济建设的需要，一方面是为了促进计算机知识的普及和计算机应用技术的推广，另一方面是为劳动（就业）人员提供其计算机应用知识与能力的证明，为用人部门录用和考核工作人员提供一个统一、客观、公正的评价标准。

教育部考试中心下发通知，对全国计算机等级考试体系进行重大调整改革，新的考试体系于 2013 年下半年开始实施。为了让读者能在短时间内适应考试、突破过关，本章配合新大纲提出了一些应试策略，解析了 2013 年 9 月 WPS Office 考试的真题。

项目 1 考试策略

本节分析了考试大纲、考试内容，提出了应试的秘籍，列举了考试过程。

1. 2013 年段考试新政解读

全国计算机等级考试（National Computer Rank Examination，简称 NCRE），是经原国家教育委员会（现教育部）批准，由教育部考试中心主办，面向社会，用于考查应试人员计算机应用知识与技能的全国性计算机水平考试体系。为了进一步适应新时期计算机应用技术的发展和人才市场需求的变化，教育部考试中心对 NCRE 考试体系进行了调整，改革考试科目、考核内容和考试形式。从 2013 年下半年考试开始，实施 2013 年版考试大纲，并按新体系开考各个考试级别。本模块主要介绍 WPS Office 考试相关的所有内容。

一级定位操作技能级，考核计算机基础知识及计算机基本操作能力，包括 Office 办公软件、图形图像软件。一级证书表明持有人具有计算机的基础知识和初步应用能力，掌握 Office 办公自动化软件的使用及因特网应用，或掌握基本图形图像工具软件（Photoshop）的基本技能，可以从事政府机关、企事业单位文秘和办公信息化工作。一级 WPS Office 科目更名为"计算机基础及 WPS Office 应用"；系统环境方面，操作系统升级为 Windows 7，WPS Office 版本升级为 2012。调整后的新内容如表 6.1 所示。

表 6.1　计算机基础及 WPS Office 应用调整内容

级别	科目名称	科目代码	考试方式	考试时间	考核课程代码
一级	计算机基础及 WPS Office 应用	14	无纸化	90 分钟	114

2．考试大纲

全国计算机等级考试一级 WPS Office 考试大纲（2013 年版）

基本要求

① 具有使用微型计算机的基础知识（包括计算机病毒的防治常识）。

② 了解微型计算机系统的组成和各组成部分的功能。

③ 了解操作系统的基本功能和作用，掌握 Windows 的基本操作和应用。

④ 了解文字处理的基本知识，掌握文字处理 WPS 文字的基本操作和应用，熟练掌握一种汉字（键盘）输入方法。

⑤ 了解电子表格软件的基本知识，掌握 WPS 表格的基本操作和应用。

⑥ 了解多媒体演示软件的基本知识，掌握演示文稿制作软件 WPS 演示的基本操作和应用。

⑦ 了解计算机网络的基本概念和因特网（Internet）的初步知识，掌握 IE 浏览器软件和 Outlook Express 软件的基本操作和使用。

考试内容

一、计算机基础知识

（1）计算机的发展、类型及其应用领域。

（2）计算机中数据的表示、存储与处理。

（3）多媒体技术的概念与应用。

（4）计算机病毒的概念、特征、分类与防治。

（5）计算机网络的概念、组成和分类；计算机与网络信息安全的概念和防控。

（6）因特网网络服务的概念、原理和应用。

二、操作系统的功能和使用

（1）计算机软、硬件系统的组成及主要技术指标。

（2）操作系统的基本概念、功能、组成及分类。

（3）Windows 操作系统的基本概念和常用术语，如文件、文件夹、库等。

（4）Windows 操作系统的基本操作和应用：

① 桌面外观的设置，基本的网络配置。

② 熟练掌握资源管理器的操作与应用。

③ 掌握文件、磁盘、显示属性的查看、设置等操作。

④ 中文输入法的安装、删除和选用。

⑤ 掌握检索文件、查询程序的方法。

⑥ 了解软、硬件的基本系统工具。

三、WPS 文字处理软件的功能和使用

（1）文字处理软件的基本概念，WPS 文字的基本功能、运行环境、启动和退出。

（2）文档的创建、打开和基本编辑操作，文本的查找与替换，多窗口和多文档的编辑。

（3）文档的保存、保护、复制、删除和插入。

（4）字体格式、段落格式和页面格式设置等基本操作，页面设置和打印预览。

（5）WPS 文字的图形功能，图形、图片对象的编辑及文本框的使用。

（6）WPS 文字表格制作功能，表格结构、表格创建、表格中数据的输入与编辑及表格样式的使用。

四、WPS 表格软件的功能和使用

（1）电子表格的基本概念，WPS 表格的功能、运行环境、启动和退出。

（2）工作簿和工作表的基本概念，工作表的创建、数据输入、编辑和排版。

（3）工作表的插入、复制、移动、更名、保存和保护等基本操作。

（4）工作表中公式的输入与常用函数的使用。

（5）工作表数据的处理，数据的排序、筛选、查找和分类汇总，数据合并。

（6）图表的创建和格式设置。

（7）工作表的页面设置、打印预览和打印。

（8）工作簿和工作表数据安全、保护及隐藏操作。

五、WPS 演示软件的功能和使用

（1）演示文稿的基本概念，WPS 演示的功能、运行环境、启动与退出。

（2）演示文稿的创建、打开和保存。

（3）演示文稿视图的使用，演示页的文字编排、图片和图表等对象的插入，演示页的插入、删除、复制以及演示页顺序的调整。

（4）演示页版式的设置、模板与配色方案的套用、母版的使用。

（5）演示页放映效果的设置、换页方式及对象动画的选用，演示文稿的播放与打印。

六、因特网（Internet）的初步知识和应用

（1）了解计算机网络的基本概念和因特网的基础知识，主要包括网络硬件和软件，TCP/IP 的工作原理，以及网络应用中常见的概念，如域名、IP 地址、DNS 服务等。

（2）能够熟练掌握浏览器、电子邮件的使用和操作。

3．考试系统使用说明

（1）采用无纸化考试，上机操作。考试时间：90 分钟。

（2）软件环境：操作系统 Windows 7。办公软件：WPS Office 2012。

（3）考试题型及分值。

① 选择题（计算机基础知识和计算机网络的基本知识）。（20 分）

② Windows 操作系统的使用。（10 分）

③ WPS 文字的操作。（25 分）

④ WPS 表格的操作。（20 分）

⑤ WPS 演示的操作。（15 分）

⑥ 浏览器（IE）的简单使用和电子邮件收发。（10 分）

4．应试秘籍

对于基础较差或者对考试准备不够充分的应试者，应该对考试大纲中要求的每个知识点进行了解，同时配合考试系统上机进行充分练习，也可利用本章中提供的部分真题试卷素材进行操作。

总体来说，一级考试的难度不大，选择题虽然涉及面较宽，但选项设计得比较直观，如果灵活地应用排除法，可能会收到意想不到的效果。

全国计算机等级考试一级 WPS 考试时间为 90 分钟。考试时由考试系统自动进行计时，提前 5 分钟自动报警来提醒考生及时存盘，时间用完，考试系统将自动锁定计算机，考生将不能再继续考试。考试试卷满分为 100 分，共有 6 种类型考题，即选择题、中文版 Windows 基本操作、金山 WPS 文字操作、金山 WPS 表格操作、金山 WPS 演示操作、IE 的简单使用和邮件 E-mail 收发。考试系统专用软件（以下简称"考试系统"）提供了开放式的考试环境，具有自动计时、断点保护、自动阅卷和回收等功能。考试合格由教育部考试中心颁发统一印制的一级合格证书。

小提示
　　一级 WPS 考试的所有答题操作都应该单击"答题"菜单进入。"选择题""基本操作"完成后可直接退出。"WPS 文字""WPS 表格""WPS 演示"操作完毕时，单击"保存"按钮保存后关闭文件。自 2013 年 9 月开始，"选择题"退出后不能再次进入！作答"选择题"时键盘无效，只能用鼠标答题。

　　操作题中的基本操作、上网操作只要细心，一般都能得到较高分。

　　WPS 文字处理、WPS 电子表格、WPS 演示操作题所涉及的都是一些常用的基本操作，难度也不大。操作中一定要注意看清题目要求，正确选择操作对象及命令。

　　操作考试之前叮做好如下准备工作。

　　（1）"资源管理器"中对文件夹属性的设置。

　　操作步骤为单击"工具 | 文件夹选项"命令，在"文件夹选项"对话框中，将"查看"标签下"高级设置"部分的"隐藏文件和文件"项设置为"显示隐藏的文件、文件夹和驱动器"。"隐藏已知文件类型的扩展名"选项不要选中对勾。

　　如此设置以后所有文件或文件夹均可见，包括隐藏属性的，不会因为对象的隐藏而无法找到及进行操作。所有文件的扩展名均显示，文件的重命名便能正常进行，网络题之类的涉及的文件保存，也不会因为扩展名的改变而产生困扰。此步骤也可在考试系统中，单击"答题 | 基本操作"，在做基本操作题之前进行设置。

　　（2）做题时，不要抄题，正确的做法是将试题窗口缩小，另开一个窗口进行操作。方法为，右键单击"任务栏"，在弹出的快捷菜单中选择"堆叠显示窗口"或"并排显示窗口"，如图 6.1 和图 6.2 所示，题目和操作窗口就同时可见了。此外，可利用<Win+→ >组合键将窗口占用右半幅，<Win+ ←>组合键将窗口占用左半幅。

图 6.1　"文件夹选项"对话框设置　　　　图 6.2　设置窗口显示方式

5．上机考试过程

上机考试系统的操作步骤如下。

步骤1 首先开机，启动 Windows 7，然后双击全国计算机等级一级（WPS Office）登录图标，考试系统将显示登录画面，如图 6.3 所示。

图 6.3 NCRE 考试登录界面

步骤2 单击"开始登录"按钮，系统将进入考生准考证号登录验证状态，输入 16 位准考证号，单击"登录"按钮，屏幕显示登录窗口画面，如图 6.4 所示。

图 6.4 输入准考证号界面

如果输入的准考证号不存在，则考试系统会显示登录提示信息窗口，并提示考生所输入的准考证号不存在，是否要退出考试登录系统。如果选择"是（Y）"按钮，则退出考试登录系统；如果选择"否（N）"按钮，则请考生重新输入准考证号，直至输入正确或退出考试登录系统为止。

如果准考证号输入为空，则考试系统会显示登录提示信息窗口，并提示考生单击"确定"按钮重新输入准考证号。

步骤3 考试系统开始对所输入的准考证号进行合法性检查。如果输入的准考证号存在，则屏幕显示此准考证号所对应的姓名和身份证号，并提示考生所输入的准考证号是否正确。此时由考生核对自己的姓名和身份证号，如果发现不符合，则请选择"重输考号"按钮重新输入准考证号，考试系统最多允许考生输入准考证号三次，如果均不符合，则请主考或监考人员帮助查找原因，给予更正。如果输入的准考证号经核对后相符，则请考生选择"开始考试"按钮，接着考试系统进行一系列处理后将随机生成一份一级（WPS Office）考试的试卷，如图 6.5 所示。

图 6.5　考号验证

　　如果考试系统在抽取试题过程中产生错误并显示相应的错误提示信息，则考生应重新进行登录直至试题抽取成功为止。

　　步骤 4　在考试系统抽取试题成功之后，屏幕上就会显示一级（WPS Office）考试系统考生须知，勾选"已阅读"，并请考生单击"开始考试并计时"按钮开始考试。此时，系统开始进行计时，考生所有的答题过程应在考生文件夹下完成。

　　考试须知内容如下。

　　（1）考生必须在自己的考生文件夹下进行考试，否则将影响考试成绩。

　　（2）作答选择题时键盘将被封锁，使用键盘无效，考生须使用鼠标答题。

　　（3）选择题部分只能进入一次，退出后不能再次进入。

　　（4）选择题部分不单独计时。

　　考试须知界面如图 6.6 所示。

图 6.6　考试须知界面

说明：

考生义件夹

考生登录成功后，考试系统将会自动产生一个"考生文件夹"。该文件夹将存放该考生所有的考试内容以及答题过程，因此考生不能随意删除该文件夹以及该文件夹下与考试内容无关的文件及文件夹，避免在考试评分时产生错误，从而影响考生的考试成绩！

假设考生登录的准考证号为 1438999999010001，如果在单机上考试，则考试系统生成的考生文件夹将存放在 C 盘根目录下的 WEXAM 文件夹下，即考生文件夹为"C: \ WEXAM \ 14010001"；如果在网络上考试，则考试系统生成的考生文件夹将存放到 K 盘根目录下的用户目录文件夹下，即考生文件夹为"K: \ 用户目录文件夹 \ 14010001"。考生在考试过程中所操作的文件和文件夹都不能脱离考生文件夹，否则将会直接影响考生的考试成绩。

图 6.7 所示的考试界面中，箭头所指即本例"考生文件夹"位置。

图 6.7 考试界面

项目 2　全真考试题解

本节共收录 2013 年 9 月最新版《一级计算机基础及 WPS Office 应用》考试的三套全真题。本次考试因新版第一次使用，题库内题目相对简单，重叠处也较多。软件配合大纲使用 WPS Office 2013 版的 2012 风格界面。

1．全真考试题解（1）

一级计算机基础及 WPS Office 应用

（考试时间 90 分钟，满分 100 分）

一、选择题（1~20，每小题 1 分，共 20 分）

请在"答题"菜单上选择"选择题"命令，启动选择题测试程序，按照题目上的内容用鼠标进行答题，下列 A）、B）、C）、D）四个选项中，只有一个选项是正确的。

（1）下列关于系统软件的四条叙述中，正确的一条是_____。

　　A）系统软件与具体应用领域无关

　　B）系统软件与具体硬件逻辑功能无关

　　C）系统软件并不是具体提供人机界面

　　D）系统软件是在应用软件基础上开发的

（2）微型计算机硬件系统最核心的部件是_____。

　　A）主板　　　　　B）CPU　　　　　C）I/O 设备　　　　D）内存储器

（3）微型计算机主机包括_____。

    A）运算器和控制器存储器   B）UPS 和内存储器

    C）CPU 和 UPS   D）CPU 和内存储器

（4）下列四条常用述语的叙述中，有错误的是_____。

    A）总线是计算机系统中各部件之间传输信息的公共通路

    B）汇编语言是一种面向机器的低级程序设计语言，用汇编语言编写的程序计算机
       能直接执行

    C）读写磁头是既能从磁表面存储器读出信息又能把信息写入磁表面存储器的装置

    D）光标是显示屏上指示位置的标志

（5）下列设备中，既能向主机输入数据又能接收由主机输出的数据的设备是_____。

    A）软磁盘存储器   B）CD-ROM

    C）光笔   D）显示器

（6）微型计算机中，控制器的基本功能是_____。

    A）控制机器各个部件协调一致地工作   B）存储各种控制信息

    C）保持各种控制状态   D）进行计算运算和逻辑运算

（7）卜列字符中，其 ASCII 码值最大的一个是_____。

    A）9   B）y   C）a   D）D

（8）计算机能直接识别和执行语言是_____。

    A）汇编语言   B）机器语言   C）数据库语言   D）高级语言

（9）下列几种存储器中，存取周期最短的是_____。

    A）内存储器   B）硬盘存储器   C）软盘存储器   D）光盘存储器

（10）与十进制数 254 等值的二进制数是_____。

    A）11111011   B）11101110   C）1110111   D）11111110

（11）下列术语中，属于显示器性能指标的是_____。

    A）精度   B）可靠性   C）分辨率   D）速度

（12）微型计算机存储系统中，PROM 是_____。

    A）可编程只读存储器   B）只读存储器

    C）动态随机存取存储器   D）可读写存储器

（13）与十六进制数 CD 等值的十进制数是_____。

    A）204   B）205   C）203   D）206

（14）CPU 中有一个程序计数器（又称指令计数器），它用于存储_____。

    A）正在执行的指令的内容   B）下一条要执行的指令的内存地址

    C）正在执行的指令的内存地址   D）下一条要执行的指令的内容

（15）计算机病毒是指_____。

    A）设计不完善的计算机程序   B）以危害系统为目的的特殊计算机程序

    C）已被破坏的计算机程序   D）编制有错误的的计算机程序

（16）下列四个无符号十进制整数中，能用八个二进制位表示的是_____。

    A）257   B）313   C）201   D）296

（17）执行二进制逻辑乘运算（即逻辑与运算）0101100110100111，其运算结果是_____。

    A）11111110   B）00000000   C）00000001   D）11111111

（18）执行二进制算术加运算 11001001+00100111，其运算结果是_____。

    A）11101111   B）10100010   C）00000001   D）11110000

（19）在微型计算机内存储器中不能用指令修改其存储内容的部分是_____。

    A）DRAM   B）RAM   C）ROM   D）SRAM

（20）下列四条叙述中，正确的一条是_____。

    A）外存储器中的信息可以直接被 CPU 处理

    B）PC 机在使用过程中突然断电，SRAM 中存储的信息不会丢失

    C）假若 CPU 向外输出 20 位地址，则它能直接访问的存储空间可达 1 MB

    D）PC 机在使用过程中突然断电，DRAM 中存储的信息不会丢失

二、Windows 的基本操作（10 分）

Windows 基本操作题，不限制操作的方式。

******* 本题型共有 5 小题 *******

1. 将考生文件夹下 COFF\JIN 文件夹中的文件 MONEY.TXT 设置成隐藏和只读属性。

2. 将考生文件夹下 DOSION 文件夹中的文件 HDLS.SEL 复制到同一文件夹中，文件命名为 AEUT.BAS。

3. 在考生文件夹下 SORRY 文件夹中新建一个文件夹 WINBJ。

4. 将考生文件夹下 WORD2 文件夹中的文件 A-EXCEL.MAP 删除。

5. 将考生文件夹下 STORY 文件夹中的文件夹 ENGLISH 重命名为 CHUN。

三、WPS 文字操作题（25 分）

请在"答题"菜单上选择 "WPS 文字" 命令，然后按照题目要求再打开相应的命令，完成下面的内容。

请用金山 WPS 文字对考生文件夹下的文档 WPS.WPS 进行编辑、排版和保存，具体要求如下：

"文档开始"

初中学龄人口高峰到来

由于人口波动原因，2000 年前后我国将出现初中入学高峰。根据教育部教育管理信息中心汇总的数据，1999-2003 年，小学毕业生出现明显高峰期，初中在校生随之大幅度增加，峰值为 2002 年。以 1998 年小学毕业生升学率 92.63%计，2002 年初中在校生达到 7005 万，比 1998 年增长 30.63%。

初中教育发展面临学龄人口激增和提高普及程度的双重压力，教育需求和供给矛盾将进一步尖锐。

初中学龄人口高峰问题已引起教育部高度重视。1999 年下半年，基础教育司义务教育处曾就此问题对河南、河北、四川、山东四个人口大省进行了调查。情况表明，全国及四省几年来初中入学人数激增，2001-2002 年将达到峰值，由此将引发一系列问题，其中最关键的是校舍和师资的不足。

初中适龄人口高峰的到来，给全国"普九"工作和"普九"验收后的巩固提高工作带来很大压力，各种矛盾非常突出，非下大决心、花大力气、用硬措施解决不可。

全国 4 省 1999-2003 年初中在校生情况表（ 单位：万人）

省名	1999 年	2000 年	2001 年	2002 年
河南	5843	6313	6690	7005
河北	532	620	669	743
四川	367	393	427	461
山东	606	678	695	675

"文档结束"

（1）将文中"在校生"替换为"在校学生"，并改为斜体加下画线（实线）。

（2）第一段标题 "初中学龄……到来"，文字设置为小三号黑体、黄色、居中。

（3）全文（除标题段外）用五号黑体字，各段落的左、右各缩进 2 字符，首行缩进 2 字符。并将第二段中的"峰值"二字设置为小四号黑体加粗。

（4）将倒数第六行统计表标题 "全国 4 省 1999-2003 年……情况表 （单位：万人）"设置为小四号宋体字、居中。

（5）将表格列宽设置为 1.6 厘米，表格中的文字设置为五号宋体，第一行和第一列中的文字居中，其他各行各列中的文字右对齐。

四、WPS 表格操作题（20 分）

请在"答题"菜单上选择"WPS 表格"，完成下面的内容。

A	B	C	D
某书店图书销售情况表			
图书编号	销售数量	单价	销售额
123	256	11.62	
1098	298	19.84	
2134	467	36.56	

打开考生文件夹下的 Book1.et，按下列要求完成操作，并同名保存结果。

（1）将标题"某书店图书销售情况表"的字体设置为黑体，字号设置为 16 磅，标题区域选定为 A1:D1，并跨列居中对齐。

（2）根据公式"销售额=销售数量×单价"计算"销售额"列的值（必须运用公式计算），并设定其数据显示格式为数值，保留 1 位小数。

（3）用"图书编号"列和"销售额"列实现一个"簇状柱形图"图表，其数据系列名称为"销售额"，系列的数据为每个人的"销售额"的值，以"图书编号"为分类 x 轴标志，图表标题是"某书店图书销售情况图"，并将生成的图表放置到 A7:D17 区域中（提示：移动和适当调整图表大小）。

五、WPS 演示操作题（15 分）

请在"答题"菜单上选择"WPS 演示"，完成下面的内容。

打开考生文件夹下的演示文稿 ys.dps，按要求完成对文档的修改，并进行保存。

（1）将页版式"标题和竖排文字"，应用到第二页和第三页演示页。

（2）为演示文稿应用外观模板"政务_欢庆.dpt"；将所有演示页的切换方式设定为"横

向棋盘式"。

六、上网操作题（10分）

请在"答题"菜单上选择相应的命令，完成下面的内容。

接收并阅读由 djks@mail.edu.cn 发来的 E-mail，然后转发给张强，张强的 E-mail 地址为 zhangq@pc.home.cn。

某模拟网站的主页地址是 HTTP://LOCALHOST/ index.htm，打开此主页，浏览"电大考试"页面，查找"中央电大概况"的页面内容并将它以文本文件的格式保存到考生文件夹下，命名为"ZYDD.txt"。

试卷一参考答案及评析

一、选择题

（1）A	（6）A	（11）C	（16）C
（2）B	（7）B	（12）A	（17）C
（3）D	（8）B	（13）B	（18）D
（4）B	（9）A	（14）B	（19）C
（5）A	（10）D	（15）B	（20）C

答题过程如下。

（1）在"答题"菜单上选择"选择题"命令，如图 6.8 所示。启动选择题测试程序。

图 6.8 进入选择题答题

（2）在图 6.9 所示的"选择题"测试界面，按照题目上的内容用鼠标进行答题，A），B），C），D）四个选项中，只有一个选项是正确的。新版"选择题"做了很大改变，整个界面只允许利用鼠标进行答题，通过单击"上一题""上一题"及单选"A、B、C、D"选项答题，已答题目，最下方题卡用"蓝色"表示，未答题"红色"表示。因为键盘操作已被锁死，用键盘组合键切换至别的应用程序查询资料变为不可能。例如，进制转换及计算题，必须手工计算，不允许利用系统的"计算器"程序进行计算，增加了选择题的难度。

图 6.9　"选择题"测试界面

（3）将 20 道选择题逐一做完，此时只能利用鼠标选择，观察最下方答题卡，全部变为"蓝色"则无遗漏。新版"选择题"不限时间，但只允许进入一次，所以，应当认真检查一下答案是否正确，再单击"保存并退出　保存并退出　"按钮，系统会弹出图 6.10 所示的确认对话框。单击"确认"按钮，保存并退出，单击"取消"按钮，继续答题。新版中只准进入一次的要求，亦增大了考试难度，即使考生以其他外部方式获取了选择题答案，由于不能再次进入，对答题也无济于事。

图 6.10　"退出确认"对话框

二、Windows 的基本操作（10 分）

Windows 基本操作题不限制操作的方式。请先按前述注意事项，参阅图 6.1 和图 6.2 所示对考试环境进行设置。

在"答题"菜单上选择"基本操作"命令，自动进入图 6.11 所示的资源管理器中的"考生文件夹"界面。此例"考生文件夹"为"k:\523ks07\14010001"。可打开 1～2 个这样的界面，便于进行复制、移动等操作。

图 6.11 考生文件夹

答题方法及知识点解析如下。

1. 设置文件或文件夹属性

进入 COFF\JIN 文件夹中，鼠标右键单击要设置的文件或文件夹（此例为文件 MONEY.TXT），从弹出的快捷菜单中单击"属性"命令，在出现的"属性"对话框中可以勾选文件属性为"隐藏"和"只读"，如图 6.12 所示，单击"确定"按钮退出设置。

图 6.12 属性设置对话框

2. 复制及重命名文件或文件夹

利用 按钮回到考生文件夹下（或利用前面另外打开的考生文件夹窗口），双击打开 DOSION 文件夹，右键单击文件 HDLS.SEL，从弹出的快捷菜单中选择"复制"命令，由于此题复制的目标地点就在同一文件夹，因此，直接在空白处单击右键，从弹出的快捷菜单中选择"粘贴"命令，此时同一文件夹下出现了"hdls-副本　　"文件（因为同一文件夹下不允许存在同名文件）。这一步，利用 "编辑 | 复制"命令，打开要存放副本的文件夹或磁盘，单击"编辑 | 粘贴"命令也可实现。当然用组合键<CTRL+C>复制、<CTRL+V>粘贴亦可。最为方便快捷的方式是，直接按住 CTRL 键+鼠标拖曳 HDLS.SEL 文件实现复制。

右键单击"HDLS-副本.SEL"，从弹出的快捷菜单中选择"重命名"命令，将文件名改为 "aeut.bas"（文件及文件夹名不区分大小写）。"重命名"还可利用按功能键 F2 或是单击一次，再单击一次（中间有间隔，不是双击），直接修改文件名实现。

3. 创建文件夹

进入考生文件夹下的 STORY 文件夹，右键单击工作区空白处，从弹出的快捷菜单中选择"新建 | 文件夹"命令，或单击菜单项"文件 | 新建 | 文件夹"命令，如图 6.13 所示。将名字改为新文件夹的名称 winbj。

图 6.13　"新建"菜单项

4. 删除文件或文件夹

选中考生文件夹下 WORD2 文件夹中的文件 A-EXCEL.MAP，右键单击，从弹出的快捷菜单中选择"删除"命令，或单击菜单项"文件 | 删除"命令，或直接按 Delete 键，均弹出图 6.14 所示的对话框，单击"是"按钮可以将文件或文件夹放入"回收站"。此时被删除的文件或文件夹，只是移动到了"回收站"，依然占据系统磁盘空间，也可以恢复。如果需要彻底删除，不放入"回收站"中，可在执行上面的删除操作时，按住 SHIFT 键，此时"删除"对话框发生了变化，显示"确实要永久性地删除此文件吗" ，此时选择"是"，将彻底从磁盘上清除此文件，不可恢复。

图 6.14　删除文件到回收站对话框

5. 文件与文件夹重命名

进入考生文件夹下 STORY 文件夹中，按照题目（2）的操作方法，将"文件夹____"重命名为 CHUN。

"基本操作"题无须保存，直接单击"关闭 ☒"按钮，回到考试题界面。

三、WPS 文字操作题（25 分）

请在"答题"菜单上选择"WPS 文字"命令，然后按照题目要求再打开相应的命令，完成下面的内容。

答题方法及知识点解析如下。

如图 6.15 所示，打开考生文件夹下的文档 WPS.WPS 进行编辑、排版和保存。

图 6.15　WPS 文字题

1. 文本的查找与替换

步骤 1　单击"开始"选项卡下的"编辑 | 查找替换 | 替换"命令，打开"查找和替换"对话框。

步骤 2　在"查找内容"对话框中输入要查找的内容"在校生"，在"替换为"对话框中输入要替换的内容"在校学生"。单击按钮展开"　高级搜索(M) ▾　"，如图 6.16 所示。

图 6.16 "查找和替换"对话框

步骤3 查找/替换的高级操作。当替换字符格式时（文字不变），插入点需要在"替换为"文本框中（此例为"在校学生"后），设置文字、段落格式。因此例只需修改字体，单击"格式 | 字体"命令，如图 6.17 所示。

步骤4 在图 6.17 所示的"替换字体"对话框中，按题目要求将"替换为"内容"在校学生"改为"斜体"加"下画线（实线）"。

图 6.17 "替换为"字体格式设置

步骤5 如图 6.18 所示，"替换为"内容"在校学生"带上了格式效果"字体：倾斜，下划线"，单击"全部替换"按钮完成此题。

图 6.18　替换的高级应用

2. 利用功能按钮设置文字的字体及对齐方式

步骤 1　选定要编辑的文字第一段（标题："初中学龄……到来"）使之反显。

步骤 2　在"开始"选项卡中"字体"功能组，选择字体为"黑体"，字号为"小三"号，颜色为"黄色"，"段落"功能组中选择"居中"按钮，如图 6.19 所示。

图 6.19　字体和段落功能组

3. 段落设置

步骤 1　选中要设置的段落使之反显（正文第一个字"由……"前面单击，插入点定位，将光标移到正文最后"……解决不可。"，按 Shift 键并单击）。

步骤 2　如上题设置字体为"黑体"，字号为"五号"，单击鼠标右键，从弹出的快捷菜单中选择"段落"命令，或者单击"段落"功能组中的"旧式工具"按钮，打开"段落"对话框。

步骤 3　在"段落"对话框中设置缩进量、间距、行距、对齐方式等，如图 6.20 所示，将段落缩进"文本之前"和"文本之后"设置为"2 字符"，"特殊格式"选择"首行缩进"，度量值为"2 字符"。

步骤4 双击第二段"峰值"两字使其反显选中，在"字体"功能组中，设置字号为"小四"号，选中"加粗"按钮 **B** 。

图6.20 "段落"对话框

4. 表格格式及属性设置

步骤1 选定倒数第六行统计表标题 "全国4省1999−2003年……情况表（单位：万人）"，使其反显，同题1，将其"字体"设置为"宋体"，设置字号为"小四"号，单击"段落"组的"居中"按钮 ■ 。

步骤2 单击表格左上角的 " " 图标，选择整张表格，单击右键，在弹出的快捷菜单中选择"表格属性"命令，或单击"表格工具"选项下的"表格"功能组中的"表格属性"命令，弹出"表格属性"对话框。单击"列"标签，度量单位选择"厘米"，宽度设置为"1.6"，单击"确定"按钮。

步骤3 选择整表内容，设置"字体"为"宋体"，设置字号为"五号"。选择表格第一行，单击"段落"组的"居中"按钮 ■ 。选择表格第一列，单击"段落"组的"居中"按钮 ■ 。选择余下各行各列中的文字，单击"段落"组的"右对齐"按钮 ■ 。

WPS文字设置完毕效果如图6.21所示。单击"关闭"按钮，保存文件退出。

由于人口波动原因，2000 年前后我国将出现初中入学高峰。根据教育部教育管理信息中心汇总的数据，1999-2003 年，小学毕业生出现明显高峰期，初中*在校学生*随之大幅度增加，**峰值**为 2002 年。以 1998 年小学毕业生升学率 92.63%计，2002 年初中*在校学生*达到 7005 万，比 1998 年增长 30.63%。

初中教育发展面临学龄人口激增和提高普及程度的双重压力，教育需求和供给矛盾将进一步尖锐。

初中学龄人口高峰问题已引起教育部高度重视。1999 年下半年，基础教育司义务教育处曾就此问题对河南、河北、四川、山东四个人口大省进行了调查。情况表明，全国及四省几年来初中入学人数激增，2001-2002 年将达到峰值，由此将引发一系列问题，其中最关键的是校舍和师资的不足。

初中适龄人口高峰的到来，给全国"普九"工作和"普九"验收后的巩固提高工作带来很大压力，各种矛盾非常突出，非下大决心、花大力气、用硬措施解决不可。

全国 4 省 1999-2003 年初中*在校学生*情况表（ 单位：万人）

省名	1999 年	2000 年	2001 年	2002 年
河南	5843	6313	6690	7005
河北	532	620	669	743
四川	367	393	427	461
山东	606	678	695	675

图 6.21　WPS 文字题设置效果

图 6.22　单元格对齐方式设置

四、WPS 表格操作题（20 分）

答题步骤及知识点解析如下。

单击"答题"菜单下的"WPS 表格"命令，选择"Book1.et"，则自动打开了考生文件夹下的 WPS 表格文件"Book1.et"。

1. WPS 表格格式设置

步骤 1　选定要操作的单元格 A1（即标题"某书店图书销售情况表"）。

步骤 2　选择"开始"选项卡下的"单元格格式"功能组，字体设置为"黑体"，字号设置为"16"磅。

步骤 3　选择 A1 至 D1 单元格，在"单元格格式：对齐方式"组中选择"合并居中/跨列居中"项，如图 6.22 所示。

2. WPS 表格公式计算

步骤 1　选择要输入公式的单元格 D3（即销售额列第一个空白处）。

步骤2　在D3单元格或在编辑栏中输入"＝"，根据题目公式要求"销售额=销售数量×单价"输入公式内容，即单击"销售数量"所在单元格"B3"，输入"*"代表乘以，再单击"单价"所在单元格"C3"。

步骤3　按Enter键或单击编辑栏中的☑按钮确定输入的公式，则D3单元格显示出了"图书编号为123"的"销售额"结果。而编辑栏里则是D3单元格输入的公式"=B3*C3"，如果要取消输入内容，可以单击编辑栏中的☒按钮。

步骤4　将鼠标移动到单元格D3右下角，鼠标指针变成十字星，按下鼠标左键，并向下拖拽曳鼠标至填充的最后一个单元格D5后，释放鼠标左键，此时自动填充了公式计算结果。

步骤5　选中D3至D5单元格，单击"单元格格式：数字"组中的"减少小数位数"按钮 ，使其保留1位小数。结果如图6.23所示。

	A	B	C	D
1	某书店图书销售情况表			
2	图书编号	销售数量	单价	销售额
3	123	256	11.62	2974.7
4	1098	298	19.84	5912.3
5	2134	467	36.56	17073.5

图6.23　公式运算结果

3. 设置图表

步骤1　选定要操作的数据范围（此例为A2到A5"图书编号"列，再按Ctrl键选择D3到D5"销售额"列）。

步骤2　在"插入"选项卡上的"图表"组中，单击"图表"按钮 ，打开图6.24所示的"图表类型"对话框。单击所需要的"图表类型"和"子图表类型"，这里选择"柱形图"的"簇状柱形图"。

图6.24　选择图表类型

步骤3　单击"下一步"按钮，打开图6.25所示的"源数据"对话框。该对话框中有"数据区域"和"系列"两个选项卡。"数据区域"选项卡中的选项用于修改创建图表的数据区域；

"系列"选项卡中的选项用于修改数据系列的名称、数值以及分类轴（x）标志。

图 6.25　设置数据区域

步骤 4　单击"系列"标签，根据题目要求将"系列"中的"图书编号"删除，数据系列名称为"销售额"，系列的数据为每个人的"销售额"的值，此时默认都是正确的，无须设置。单击"分类（x）轴标志"旁边的" "按钮，选择作为"X 轴标志的"A3 到 A5 单元格，单击" "按钮返回"源数据"对话框，系列设置效果如图 6.26 所示。

图 6.26　源数据的"系列"设置

步骤 5　单击"下一步"按钮，打开图 6.27 所示的"图表选项"对话框。该对话框中有"标题""坐标轴""网格线""图例""数据标志"和"数据表"6 个选项卡。通过对相应选项卡中的选项设置可以改变图表中的对象。在"标题"选项卡中的"图表标题"文本框中输入

"某书店图书销售情况图"。

图 6.27 设置图表选项

步骤6   单击"完成"按钮，即可在当前工作表中插入一个图表。

步骤7   光标放在"图表区"空白处，鼠标变为"⬚"，移动至左上角的"A7"单元格，按住左键拖曳右下角句柄使其缩至"D17"单元格内，最终效果如图 6.28 所示，单击"关闭"按钮保存退出。

图 6.28 WPS 表格题效果图

五、WPS 演示操作题（15 分）

答题步骤及知识点解析如下。

单击"答题"菜单，选择"WPS 演示"命令，打开演示文稿 ys.dps。

1. 版面或版式的设置

步骤1   在幻灯片浏览视图中，单击选择要操作的幻灯片，即"第 2 页"，再按住 Ctrl 键选择"第 3 页"幻灯片，则两张幻灯片同时选中。如图 6.29 所示。

步骤2   单击右侧任务窗格中的"版式"按钮 ⬚，或是单击"设计"选项卡下的"幻灯片版式"按钮。进入"幻灯片版式"设置，如题，选择"文字版式"下的"标题和竖排文字"效果。如图 6.30 所示。

图 6.29　选定幻灯片

图 6.30　幻灯片版式

2. 演示文稿外观模板的设置（题 2 知识点 1）

步骤 1　任选一张幻灯片（因模板效果将应用到所有幻灯片）。

步骤 2　单击右侧任务窗格中的"模板"按钮，或是在"设计"选项卡下的"幻灯片模板"组中选择"政务_欢庆.dpt"效果，如图 6.31 所示。

图 6.31　选择模板

若模板没直接出现在选项组中，则单击"更多模板"，搜索"政务_欢庆"并下载，将新演示文稿另存为"政务_欢庆.dpt"文件，如图 6.32 所示。

图 6.32　另存为模板文件

此时再回到"ys.dps",在右侧"幻灯片模板"组中单击"更多模板"中的"浏览"选项,选择上一步保存的"政务_欢庆.dpt"模板文件,双击则将模板效果应用到全部幻灯片,效果如图 6.33 所示。

图 6.33　模板效果

3. 多张幻灯片切换方式的设置（题2知识点2）

步骤1　任选一张幻灯片。

步骤2　单击右侧任务窗格中的"切换"按钮 ，或是在"幻灯片放映"选项卡下选择"幻灯片切换"命令 。右键单击幻灯片空白处,在弹出的快捷菜单中选择"幻灯片切换…"命令 幻灯片切换① ,在幻灯片切换效果中选择"横向棋盘式",并单击"应用于所有幻灯片"按钮 应用于所有幻灯片 ,即将全部幻灯片的切换效果都设置成为"横向棋盘式"。

步骤3　可利用"播放"或"幻灯片播放"按钮检查效果。

步骤4　单击"关闭"按钮,保存并退出。

六、上网操作题（10分）

答题步骤及测试点分析如下。

1. 邮件接收、转发

步骤1　选择"答题"菜单下的"上网 | Outlook Express 仿真"（收发邮件题是用邮件客户端"Outlook Express 仿真"程序来做）,如图 6.34 所示。

图 6.34　进入 Outlook Express 仿真程序

步骤2　在 Outlook Express 界面工具栏中单击"发送/接收"按钮 ,此时显示接收到一封新邮件,如图 6.35 所示。

图 6.35　接收邮件

步骤 3　双击打开由 "djks@mail.edu.cn" 发来的 E-mail。

步骤 4　在图 6.36 所示的工具栏上选择 "转发" 按钮

图 6.36　Outlook Express 工具栏

步骤 5　在 "收件人" 处输入张强的 E-mail 地址 zhangq@pc.home.cn，单击 "发送" 按钮，如图 6.37 所示。

图 6.37　发送邮件

步骤 6　发送完毕后，"已发送邮件" 处应能看到发送给张强的邮件，如图 6.38 所示。单击 "关闭" 按钮退出。

图 6.38　已发送邮件

2. 网页浏览、网页保存

步骤 1　选择 "答题" 菜单下的 "上网 | Internet Explorer 仿真"（网页浏览是用 IE 仿真"
程序来实现的），如图 6.39 所示。

步骤 2　在地址栏输入主页地址 HTTP://LOCALHOST/ index.htm，回车，并在主页上
单击要浏览的页面标签 "电大考试"，如图 6.39 所示。

图 6.39　IE 浏览器界面

步骤3　在页面上单击要查找的内容的热区"中央电大概况"，此时光标变为手形。

步骤4　打开"中央电大概况"页面后，单击"文件 | 另存为"命令，如图 6.40 所示。

图 6.40　"另存为"选项

步骤5　在"保存网页"对话框中，选择文件保存位置"14010001"、保存类型为.txt、在文件名框内输入指定的文件名"zydd"，单击"保存"按钮，如图 6.41 所示。

图 6.41　另存网页为文本格式

 小提示　　保存时，请注意三点：保存位置为"考生文件夹"、文件名、保存类型为"文本文件（.txt）"。

　　所有题目均做完后，可以在图 6.42 所示试题内容查阅工具上单击"交卷"按钮。做题过程中"显示窗口"按钮可在显/隐试题窗口之间进行切换。工具条上还始终显示考生的准考证号、姓名、考试剩余时间等信息。

图 6.42　试题内容查阅工具

　　考生单击"交卷"按钮后，系统将显示是否交卷的确认信息提示框，如图 6.43 所示。单击"确认"按钮则交卷，退出考试系统，若单击"取消"按钮，则继续考试。

图 6.43　交卷信息提示框

2．全真考试题解（2）

一、选择题（1～20，每小题 1 分，共 20 分）

　　请在"答题"菜单上选择"选择题"命令，启动选择题测试程序，按照题目上的内容用鼠标进行答题，下列 A），B），C），D）四个选项中，只有一个选项是正确的。

（1）无符号二进制整数 1011010 转换成十进制数是_____。

    A）88   B）90   C）92   D）93

（2）以下说法中，正确的是_____。

    A）域名服务器（DNS）中存放 Internet 主机的 IP 地址

    B）域名服务器（DNS）中存放 Internet 主机的域名

    C）域名服务器（DNS）中存放 Internet 主机的域名与 IP 地址对照表

    D）域名服务器（DNS）中存放 Internet 主机的电子邮箱地址

（3）办公自动化（OA）是计算机的一项应用，按计算机应用的分类，它属于____。

    A）科学计算   B）辅助设计   C）实时控制   D）信息处理

（4）用高级程序设计语言编写的程序_____。

    A）计算机能直接运行   B）可读性和可移植性好

    C）可读性差但执行效率高   D）依赖于具体机器，不可移植

（5）已知 A=10111110B，B=ABH，C=184D，关系成立的不等式是_____。

    A）A＜B＜C   B）B＜C＜A   C）B＜A＜C   D）C＜B＜A

（6）下列关于软件的叙述中，错误的是_____。

    A）计算机软件系统由程序和相应的文档资料组成

    B）Windows 操作系统是最常用的系统软件之一

    C）Word 就是应用软件之一

    D）软件具有知识产权，不可以随便复制使用

（7）下列设备组中，完全属于输出设备的一组是_____。

    A）喷墨打印机、显示器、键盘   B）键盘、鼠标器、扫描仪

    C）激光打印机、键盘、鼠标器   D）打印机、绘图仪、显示器

（8）计算机存储器中，组成一个字节的二进制位数是_____。

    A）4 bits   B）8 bits   C）26 bits   D）32 bits

（9）计算机的系统总线是计算机各部件可传递信息的公共通道，它分为_____。

    A）数据总线和控制总线   B）数据总线、控制总线和地址总线

    C）地址总线和数据总线   D）地址总线和控制总线

（10）一个汉字的内码长度为 2 个字节，其每个字节的最高二进制位依次分别是__。

    A）0，0   B）0，1   C）1，0   D）1，1

（11）下列叙述中，正确的是_____。

    A）把数据从硬盘上传送到内存的操作称为输出

    B）WPS Office 2003 是一个国产的操作系统

    C）扫描仪属于输出设备

    D）将高级语言编写的源程序转换成机器语言程序的程序叫编译程序

（12）计算机操作系统通常具有的五大功能是_____。

    A）CPU 管理、显示器管理、键盘管理、打印管理和鼠标器管理

    B）硬盘管理、软盘驱动器管理、CPU 管理、显示器管理和键盘管理

    C）处理器（CPU）管理、存储管理、文件管理、设备管理和作业管理

    D）启动、打印、显示、文件存取和关机

（13）目前，度量中央处理器（CPU）时钟频率的单位是_____。

    A）NIFS   B）GHz   C）GB   D）Mbps

（14）下列关于互联网上收/发电子邮件优点的描述中，错误的是_____。

    A）不受时间和地域的限制，只要能接入互联网，就能收发邮件

    B）方便、快速   C）费用低廉

    D）收件人必须在原电子邮箱申请地接收电子邮件

（15）十进制 57 转换成无符号二进制整数是_____。

    A）0111001   B）011001   C）0110011   D）011011

（16）在标准 ASCII 码表中，已知英文字母 K 的十进制码值是 75，英文字母 k 的十进制码值是_____。

    A）107   B）101   C）105   D）103

（17）下列叙述中，正确的一条是_____。

    A）Word 文档不会带计算机病毒

    B）计算机病毒具有自我复制的能力，能迅速扩散到其他程序上

    C）清除计算机病毒的最简单的办法是删除所有感染了病毒的文件

    D）计算机杀病毒软件可以查出和清除任何已知或未知的病毒

（18）存储一个 32×32 点阵的汉字字形码需用的字节数是_____。

    A）256   B）128   C）72   D）26

（19）目前市售的 USB FLASH DISK（俗称优盘）是一种_____。

    A）输出设备   B）输入设备   C）存储设备   D）显示设备

（20）下列计算机技术词汇的英文缩写和中文名字对照中，错误的是_____。

    A）CPU——中央处理器   B）ALU——算术逻辑部件

    C）CU——控制部件   D）OS——输出服务

二、Windows 的基本操作（10 分）

1. Windows 基本操作题，不限制操作的方式。

2. 将考生文件夹下 SHOPING\MARKET 文件夹中的金山 WPS 文档 BASE 移动至考生文件夹\TEST 文件夹中。

3. 考生文件夹下 SUPERMAKET 文件夹中的金山 WPS 文档 TABLE 在原文件夹下创建一个快捷方式，并命名为"价格表"。

4. 在考生文件夹下新建一个名为 SPORTS 的子文件夹，并设置成"隐藏"属性。

5. 将考生文件夹下（含子文件夹）的所有 WPS 文档复制到"考生文件夹\KINGSOFT"下。

6. 在考生文件夹下搜索一个应用程序 doskey.exe，并将其复制到考生文件夹下。

三、WPS 文字操作题（25 分）

请在"答题"菜单上选择"WPS 文字"命令，然后按照题目要求再打开相应的命令，完成下面的内容。

文档略。请使用配套的电子资源中真题 14000106\WPS.WPS 文件练习。

请用 WPS 文字对考生文件夹下的文档 WPS.WPS 进行编辑、排版和保存，具体要求如下：

四、WPS 表格操作题（20分）

请在"答题"菜单上选择"WPS 表格"，完成下面的内容。

打开考生目录下的 Book1.et，按下列要求完成操作，并同名保存结果。

五、WPS 演示操作题（15分）

请在"答题"菜单上选择"WPS 演示"，完成下面的内容。

六、上网操作题（10分）

请在"答题"菜单上选择相应的命令，完成下面的内容：

试卷二参考答案及评析

一、选择题

1. B	（6）A	（11）D	（16）A
2. C	（7）D	（12）C	（17）B
3. D	（8）B	（13）B	（18）B
4. B	（9）B	（14）D	（19）C
5. B	（10）D	（15）A	（20）D

答题过程同试卷一，略。

二、Windows 的基本操作（10分）

Windows 基本操作题，不限制操作的方式。请先按前述注意事项，参阅图6.1和图6.2所示对考试环境进行设置。

在"答题"菜单上选择"基本操作"命令，自动进入资源管理器中的"考生文件夹"界面。此例"考生文件夹"为"k:\41507\14000106"。可打开1～2个这样的界面，便于进行复制、移动等操作。练习时请使用配套的电子资源中的"真题14000106" 文件夹。

答题方法及知识点解析如下。

1. 文件或文件夹的移动

双击打开考生文件夹下的 SHOPING\MARKET 文件夹，右键单击文件 BASE.wps，从弹出的快捷菜单中选择"剪切"命令，或是单击"编辑 | 剪切"命令，如图6.44所示。

图6.44 "剪切"命令

打开移动的目标位置，此处为考生文件夹\TEST 文件夹，在空白处右键单击，从弹出的快捷菜单中选择"粘贴"命令，此时 TEST 文件夹下多了个 BASE.wps 文件，而原来位置的 MARKET 文件夹下的 BASE.wps 文件将被移走，如图 6.45 所示。

按组合键<Ctrl+X>剪切、<Ctrl+V>粘贴亦可。最为方便快捷的是，直接按住 Shift 键，用鼠标拖曳文件实现移动，前提是源文件所在位置和目标所在位置均可见。

图 6.45　文件的移动

2. 创建快捷方式

双击打开考生文件夹下的 SUPERMAKET 文件夹，找到 TABLE.wps 文件，右键单击选择"创建快捷方式"命令，则为 TABLE.wps 文件创建了快捷方式 （快捷方式是指向真实文件的链接，和源文件的区别在于左下角有个小箭头）。

右键单击新建的快捷方式 ，选择"重命名"命令，输入文件名"价格表 "。

3. 创建文件夹及设置属性

进入考生文件夹 k:\41507\14000106 下，右键单击工作区空白处，从弹出的快捷菜单中选择"新建 | 文件夹"命令，或单击菜单项"文件 | 新建 | 文件夹"命令，如图 6.13 所示。将 名字改为新文件夹的名称"SPORTS"。

右键单击要设置的文件或文件夹（此例为新建文件夹 SPORTS），从弹出的快捷菜单中单击"属性"命令，在出现的"属性"对话框中勾选文件属性为"隐藏"，其余不必要的属性应当清除。如图 6.12 所示，单击"确定"按钮退出设置。

4. 文件或文件夹的搜索与复制

进入考生文件夹 k:\41507\14000106 下，如图 6.46 所示，在搜索框中输入关键字"*.wps"，则将考生文件夹下（含子文件夹）所有 WPS 文档将被查找出来。

按组合键<Ctrl+A>全选所有 WPS 文档，在其上右键单击，从弹出的快捷菜单中选择"复制"命令，或是单击"编辑 | 复制"命令，或按组合键<Ctrl+C>复制。

利用" "按钮回到考生文件夹下，打开需复制到的目标位置 KINGSOFT，在空白处单击右键，从弹出的快捷菜单中选择"粘贴"命令，此时 KINGSOFT 文件夹下多了 3 个 wps 文档文件。按组合键<Ctrl+V>粘贴亦可。

5. 同题 4 的做法类似

只需将搜索文件名变为 doskey.exe 即可。

225

图 6.46　搜索以 WPS 为扩展名的对象

"基本操作"题无需保存，直接单击"关闭"按钮 ❌ ，回到考试题界面。

三、WPS 文字操作题（25 分）

请在"答题"菜单上选择"WPS 文字"命令，然后按照题目要求再打开相应的命令，完成下面的内容。此处请使用配套的电子资源中的真题 14000106\WPS.WPS 文件练习。

答题方法及知识点解析如下。

参阅图 6.15，打开考生文件夹下的文档 WPS.WPS 进行编辑、排版和保存。

1. 利用功能按钮设置文字的字体及对齐方式

步骤 1　选定要编辑的文字第 2 段标题"2003 年国民经济和社会发展统计公报（节选）"使之反显。

步骤 2　在"开始"选项卡的"字体"功能组中，选择字体为"黑体"，字号为"三号"，颜色为"红色"，"段落"功能组中选择"居中"按钮，如图 6.47 所示。

图 6.47　字体和段落功能组

2. 段落及项目符号设置

步骤 1　选中正文第 1 段"2003 年，全国各族人民……社会发展的主要预期目标。"（方法为在左边选定区内双击），使其反显选中。

步骤 2　单击鼠标右键，从弹出的快捷菜单中选择"段落"命令，或者单击"段落"功能组中的"旧式工具"按钮，打开"段落"对话框。

步骤 3　在"段落"对话框中设置缩进量、间距、行距、对齐方式等，如图 6.20 所示，将段落间距"段前"和"段后"设置为"1 行"，"特殊格式"选择"首行缩进"，度量值为"2 字符"。

步骤 4　选择第 2，3，4 段（"国民经济较快增长……汇率保持基本稳定。"）文字，使其反显选中，在"段落"功能组中，选择"项目符号"选项中的"菱形"，如图 6.48 所示。

图 6.48　项目符号设置

3. 页面设置

单击"页面布局"选项 |"页边距"命令，弹出"页面设置"对话框，在"页边距"选项卡中按题意将上、下、左、右均设置为 25 毫米，如图 6.49 所示，然后单击"确定"按钮。

图 6.49　页边距设置

4. 表格格式及属性设置（题 4、题 5 知识点）

步骤 1　选定表格上方标题文字（"表 1：2003 年全国居民消费价格比上年上涨情况"）使其反显，同前，将其"字体"设置为"宋体"，设置字号为"小四"号，字形为"倾斜 *I*"，单击"段落"组中的"居中"按钮。

步骤 2　分别选择表格第 1 行和第 2、3、4 列的内容，单击"字体"组的字形"加粗 **B**"及"段落"组中的"居中"按钮。

单击表格左上角的"十"图标，选择整张表格，单击右键，在弹出的快捷菜单中选择"边框和底纹"命令。或单击"表格工具"选项下的"表格"功能组中的"表格属性"命令，在弹出的"表格属性"对话框中选择"边框和底纹"按钮。按图 6.50 所示进行设置。"设置"选"自定义"，线型选"细双线"，右边"预览"栏单击上、下、左、右，即将外边框应用细双线的效果。再选择第一根单实线，在"预览"中间单击画个细实线的十字架（实际代表所有内框线），单击"确定"按钮。

图 6.50 表格边框的设置

WPS 文字设置完毕的效果如图 6.51 所示。单击"关闭"按钮，保存文件退出。

中华人民共和国
2003 年国民经济和社会发展统计公报（节选）

2003 年，全国各族人民在党中央、国务院的正确领导下，以邓小平理论和"三个代表"重要思想为指导，全面贯彻落实党的十六大和十六届三中全会精神，沉着应对突如其来的非典疫情、多种自然灾害和复杂多变的国际形势带来的严峻困难和挑战，万众一心、奋力拼搏，实现了经济和社会发展的主要预期目标。

◆ 国民经济较快增长：全年国内生产总值 116694 亿元，按可比价格计算，比上年增长 9.1%，加快 1.1 个百分点。

◆ 价格总水平有所上涨：全国居民消费价格总水平比上年上涨 1.2%，其中，城市上涨 0.9%，农村上涨 1.6%（见表 1）。就业人数增加：年末全国就业人员 74432 万人，比上年末增加 692 万人；年末城镇登记失业率为 4.3%，比上年末上升 0.3 个百分点。

◆ 国际收支状况良好：全年对外贸易顺差 255 亿美元，比上年减少 49 亿美元；利用外资继续增加；外汇储备大幅度增长，年末国家外汇储备达到 4033 亿美元，比上年末增加 1168 亿美元；人民币汇率保持基本稳定。

表1：2003 年全国居民消费价格比上年上涨情况

指 标	全国（%）	城市	农村
全国居民消费价格总水平	1.2	0.9	1.6
食 品	3.4	3.4	3.4
其中：粮食	2.3	2.3	2.2
烟酒及用品	-0.2	-0.2	-0.1
衣 着	-2.2	-2.6	-1.4
家庭设备用品及服务	-2.6	-3.0	-1.7
医疗保健及个人用品	0.9	-0.2	2.5
交通和通信	-2.2	-2.6	-1.4
娱乐教育文化用品及服务	1.3	0.5	2.8
居 住	2.1	2.8	1.0

图 6.51 试卷二 WPS 文字题效果图

四、WPS 表格操作题（20 分）

答题步骤及知识点解析如下。

单击"答题"菜单下的"WPS 表格"命令，选择"Book1.et"，则可打开考生文件夹下的 WPS 表格文件"Book1.et"。请使用配套的电子资源中的真题 14000106\ Book1.et 文件练习。

1. WPS 表格格式设置

步骤 1 选择 A1 至 G1 单元格，在"单元格格式：对齐方式"组中单击"合并居中"按钮 。则 A1 至 G1 单元格合并为一个单元格 A1，且内容居中。

步骤2 选定要操作的单元格 A1（即标题"飞腾公司软件部销售报表"）。选择"开始"选项卡下的"单元格格式"功能组，字体设置为"仿宋"，字号设置为"14"磅，颜色设置为"蓝色"，字形设置为"加粗"。如图 6.52 所示。

图 6.52　WPS 表格格式设置

2. WPS 表格公式计算

步骤1 选择要输入公式的单元格 G4（即"总价"列第一个空白处）。

步骤2 在 G4 单元格内或在"编辑栏"中输入"＝"，根据题目公式要求"总价=销售量×单价"输入公式内容，即单击"销售量"所在单元格"E4"，输入"*"代表乘以，再单击"单价"所在单元格"F4"。

步骤3 按 Enter 键或单击编辑栏中的☑按钮确定输入的公式，则 G4 单元格显示出了"编号为 1"的"总价"结果。而编辑栏里则是 G4 单元格输入的公式"=E4*F4"如果要取消输入内容，可以单击编辑栏中的☒按钮。

步骤4 将鼠标移动到 G4 单元格右下角，鼠标指针变成十字星，按下鼠标左键，并向下拖曳鼠标至填充的最后一个单元格 G10 后，释放鼠标左键，此时自动填充了公式计算结果。

步骤5 选中 G4 至 G10 单元格，单击"单元格格式：数字"组中的"旧式工具"按钮，或是单击右键，在弹出的快捷菜单中选择"设置单元格格式"按钮 ，在"单元格格式"对话框中选择"数字"标签，按照题目要求，数字分类选择"数值"，小数位数设为"0"，勾选"使用千位分隔符"，设置对话框如图 6.53 所示。

图 6.53　WPS 表格单元格格式设置

3. 设置图表

步骤 1 选定要操作的数据范围（此例选择 B3 到 B10"姓名"列，再按 Ctrl 键选择 G3 到 G10"总价"列）。

步骤 2 在"插入"选项卡上的"图表"组中，单击"图表"按钮 ▓▓，打开图 6.54 所示的"图表类型"对话框。单击所需要的"图表类型"和"子图表类型"，这里选择"柱形图"的"簇状柱形图"。

图 6.54 选择图表类型

步骤 3 单击"下一步"按钮，打开图 6.55 所示的"源数据"对话框。该对话框中有"数据区域"和"系列"两个选项卡。"数据区域"选项卡中的选项用于修改创建图表的数据区域；"系列"选项卡中的选项用于修改数据系列的名称、数值以及分类轴标志。单击"系列"标签，此时"系列"名称为总价，系列为总价的值，分类（X）轴标志为"姓名"，已符合要求，无须修改。

图 6.55 "源数据"对话框

步骤4 单击"下一步"按钮，打开图 6.56 所示的"图表选项"对话框。该对话框中有"标题""坐标轴""网格线""图例""数据标志"和"数据表"6 个选项卡。通过对相应选项卡中的选项设置可以改变图表中的对象。在"标题"选项卡中的"图表标题"文本框中输入"销售情况比较图"。

图 6.56 设置图表选项—图表标题

小提示 　　对于图表题，通常图表标题必须要输入，而且要正确，否则图表题不得分。若针对整个 WPS 表格题，工作表重命名尤为重要，若是出错，整个 WPS 表格题可能都不得分。切勿将标题名当成工作表名!!! 如此例标题名为"飞腾公司软件部销售报表"而工作表名是下方的"工作表 1"。

步骤5 单击"完成"按钮，即可在当前工作表中插入一个图表。

步骤6 光标放在"图表区"空白处，鼠标变为"⊕"，移动至左上角"A12"单元格，按住左键拖曳右下角句柄使其缩至"G24"单元格内，可将绘图区拉宽些。最终效果如图 6.57 所示。单击"关闭"按钮保存退出。

图 6.57 WPS 表格题效果图

五、WPS 演示操作题（15 分）

答题步骤及知识点解析如下。

单击"答题"菜单，选择"WPS 演示"命令，打开演示文稿。请使用配套的电子资源中的真题 14000106\ ys.dps 文件练习。

1. 动画效果设置及幻灯片的编辑

步骤 1　单击选中第一张幻灯片左下角的图片，在幻灯片浏览视图中，单击选择"动画"选项卡下的"自定义动画"按钮 ，则右侧任务窗格出现"自定义动画"选项，单击"添加效果"选择"进入 | 其他效果"命令，如图 6.58 所示。

步骤 2　在"添加进入效果"对话框中，选择"华丽型"组的"放大"项，如图 6.59 所示。

图 6.58　"自定义动画"选项　　图 6.59　"添加进入效果"

步骤 3　单击"确定"，图片播放时，即应用了"华丽型"下的"放大"效果。

步骤 4　如图 6.60 所示，在幻灯片视图下，拖幻灯片 1 至幻灯片 2 的下方，注意观察此时的光标，释放鼠标，第 1 张幻灯片和第 2 张交换了位置。

图 6.60　移动幻灯片

2. 演示文稿外观模板的设置（题 2 知识点 1）

步骤 1　任选一张幻灯片（因模板效果将应用到所有幻灯片）。

步骤2 单击右侧任务窗格中的"模板"按钮 ，或是在"设计"选项卡下的"幻灯片模板"组中选择"培训讲座"效果。测试时，根据考试系统内所存放的模板（.DPT）文件选择，不同的版本，这部分内容会有所不同。利用左上角 ▭▭▭▭▭ 下的 ▭ 本机上的模板(M) ，可以以系统现有模板新建 WPS 演示文件。

步骤3 在右侧任务窗格中选择模板时，可以选择"应用于选中页""应用于所有页"，默认为"应用于所有页"，如图 6.61 所示。单击右侧"幻灯片模板"组中 "更多模板"中的"浏览"选项 ▭ 浏览 ▭▭▭ 更多模板 ，可进一步浏览选择模板文件。

图 6.61 模板的选择

3. 多张幻灯片切换方式的设置（题 2 知识点 2）

步骤1 任选一张幻灯片。

步骤2 单击右侧任务窗格中的"切换"按钮 ▭，或是在"幻灯片放映"选项卡下选择"幻灯片切换"命令 ▭，或右键单击幻灯片空白处，在弹出的快捷菜单中选择"幻灯片切换…"命令 ▭ 幻灯片切换(T)... ，在幻灯片切换效果中选择"随机"项，并单击"应用于所有幻灯片"按钮 ▭ 应用于所有幻灯片 ，即将全部幻灯片的切换效果都设置成为"随机"出现效果。

步骤3 可利用"播放"或"幻灯片播放"按钮检查效果。

步骤4 单击"关闭"按钮，保存并退出。

六、上网操作题（10 分）

答题步骤及知识点分析如下。

1. 网页浏览、网页保存（同试卷一）

步骤1 选择"答题"菜单下的"上网 | Internet Explorer 仿真"（网页浏览是用 IE 仿真"程序来实现的），参阅图 6.34 和图 6.39。

步骤2 在地址栏输入主页地址 HTTP://LOCALHOST/myweb/index.htm，回车，并在主页上单击要浏览的页面标签"果蔬冷藏小知识"，此时光标变为手形。

步骤3 打开"果蔬冷藏小知识"页面后，单击"文件 | 另存为"命令，参阅图 6.40。

步骤4 在"保存网页"对话框中，选择文件保存位置"k:\41507\14000106"，保存类型为.txt，在文件名框内输入指定的文件名"GPLC"，单击"保存"按钮。

2. 邮件接收、转发（同试卷一）

步骤 1　选择"答题"菜单下的"上网 | Outlook Express 仿真"（收发邮件题是用邮件客户端"Outlook Express 仿真"程序来做），参阅图 6.34。

步骤 2　在 Outlook Express 界面工具栏中单击"发送/接收"按钮，此时显示接收到一封新邮件。

步骤 3　双击打开主题为"帮助"的 E-mail。

步骤 4　在图 6.34 所示的工具栏上选择"转发"按钮。

步骤 5　在"收件人"处输入李思淼的 E-mail 地址 simiao_91@mail.home.net（下画线是用<Shift+→>组合键输入），单击"发送"按钮，参阅图 6.37。

步骤 6　发送完毕后，"已发送邮件"处应能看到发送给李思淼的 E-mail，单击"关闭"按钮退出。

3. 全真考试题解（3）

一级计算机基础及 WPS Office 应用（考试时间 90 分钟，满分 100 分）

一、选择题（1~20，每小题 1 分，共 20 分）

请在"答题"菜单上选择"选择题"命令，启动选择题测试程序，按照题目上的内容用鼠标进行答题，下列 A）、B）、C）、D）四个选项中，只有一个选项是正确的。

（1）假设某台计算机内存储器的容量为 1 KB，其最后一个字节的地址是_____。

　　A）1023H　　　　B）1024H　　　　C）0400H　　　　D）03FFH

（2）一个字长为 6 位的无符号二进制数能表示的十进制数值范围是_____。

　　A）0~64　　　　B）1~64　　　　C）1~63　　　　D）0~63

（3）已知英文字母 m 的 ASCII 码值为 6DH，那么字母 q 的 ASCII 码值是_____。

　　A）70H　　　　B）71H　　　　C）72H　　　　D）6FH

（4）二进制数 110001 转换成十进制数是_____。

　　A）47　　　　B）48　　　　C）49　　　　D）51

（5）计算机网络分局域网、城域网和广域网，属于局域网的是_____。

　　A）ChinaDDN 网　　　　　　　　B）Novell 网

　　C）Chinanet 网　　　　　　　　D）Internet

（6）用来存储当前正在运行的应用程序的存储器是_____。

　　A）内存　　　　B）硬盘　　　　C）软盘　　　　D）CD-ROM

（7）下列各类计算机程序语言中，不属于高级程序设计语言的是_____。

　　A）Visual Basic 语言　　　　　　B）FORTAN 语言

　　C）Pascal 语言　　　　　　　　D）汇编语言

（8）英文缩写 CAM 的中文意思是_____。

　　A）计算机辅助设计　　　　　　B）计算机辅助制造

　　C）计算机辅助教学　　　　　　D）计算机辅助管理

（9）下列各项中，非法的 Internet 的 IP 地址是_____。

　　A）202.96.12.14　　　　　　　B）202.196.72.140

　　C）112.256.23.8　　　　　　　D）201.124.38.79

（10）目前，打印质量最好的打印机是_____。

　　A）针式打印机　　　　　　　　B）点阵打印机

　　　　C）喷墨打印机　　　　　　　　　　　D）激光打印机

（11）下列关于计算机病毒的叙述中，正确的是＿＿＿＿＿。

　　　A）反病毒软件可以查杀任何种类的病毒

　　　B）计算机病毒是一种破坏了的程序

　　　C）反病毒软件必须随着新病毒的出现而升级，提高查杀病毒的功能

　　　D）感染过计算机病毒的计算机具有对该病毒的免疫性

（12）操作系统对磁盘进行读/写操作的单位是＿＿＿＿＿。

　　　A）磁道　　　　　B）字节　　　　　C）扇区　　　　　D）KB

（13）若已知一汉字的国际码是 5E38H，则其内码是＿＿＿＿＿。

　　　A）DEB8H　　　　B）DE38H　　　　C）5EB8H　　　　D）7E58H

（14）组成微型机主机的部件是＿＿＿＿＿。

　　　A）CPU、内存和硬盘　　　　　　　　B）CPU、内存、显示器和键盘

　　　C）CPU 和内存储器　　　　　　　　　D）CPU、内存、硬盘、显示器和键盘套

（15）汉字的区位码由一个汉字的区号和位号组成，其区号和位号的范围各为＿＿＿＿＿。

　　　A）区号 1～95，位号 1～95　　　　　B）区号 1～94，位号 1～94

　　　C）区号 0～94，位号 0～94　　　　　D）区号 0～95，位号 0～95

（16）把内存中数据传送到计算机的硬盘上去的操作称为＿＿＿＿＿。

　　　A）显示　　　　　B）写盘　　　　　C）输入　　　　　D）读盘

（17）世界上公认的第一台电子计算机诞生的年代是＿＿＿＿＿。

　　　A）1943　　　　　B）1946　　　　　C）1950　　　　　D）1951

（18）下列设备中，完全属于计算机输出设备的一组是＿＿＿＿＿。

　　　A）喷墨打印机、显示器、键盘　　　　B）针式打印机、键盘、鼠标器

　　　C）键盘、鼠标器、扫描仪　　　　　　D）打印机、绘图仪、显示器

（19）下列设备中，可以作为微机的输入设备的是＿＿＿＿＿。

　　　A）打印机　　　　B）显示器　　　　C）鼠标器　　　　D）绘图仪

（20）下列用户 XUEJY 的电子邮件地址中，正确的是＿＿＿＿＿。

　　　A）XUEJY @ bj163.com　　　　　　　B）XUEJY&bj163.com

　　　C）XUEJY#bj163.com　　　　　　　　D）XUEJY@bj163.com

二、Windows 的基本操作（10 分）

Windows 基本操作题，不限制操作的方式。

★★★★★★★ 本题型共有 5 小题 ★★★★★★★

1. 在考生文件夹下\FILES\FAVORITE 文件夹中创建一个名为"读书笔记.wps"的 WPS 文字文档。

2. 删除考生文件夹下的文件夹 PASCAL。

3. 在考生文件夹\FAVORITES 文件夹下创建一个名为"明清字画类"文件夹。

4. 将考生文件夹\AIRPLANE\WING 文件夹中的文件 DESIGN.FOR 复制到考生文件夹\BACKUP 文件夹中。

5. 将考生文件夹\FOCTORY 文件夹中的文件 PRODUCT.WPS "隐藏"属性撤销。

三、WPS 文字操作题（25 分）

请在"答题"菜单上选择"WPS 文字"命令，然后按照题目要求再打开相应的命令，完成下面的内容。

请用金山文字对考生文件夹下的文档 WPS.WPS 进行编辑、排版和保存，具体要求如下。

四、WPS 表格操作题（20 分）

请在"答题"菜单下选择"WPS 表格"命令，然后按照题目要求再打开相应的命令，完成下面的内容。

打开考生目录下的 Book1.et，按下列要求完成操作，并同名保存结果。

五、WPS 演示操作题（15 分）

请在"答题"菜单下选择"WPS 演示"命令，完成下面的内容。

六、上网操作题（10分）

请在"答题"菜单下选择相应的命令，完成下面的内容：

接收并阅读由 xuexq@mail.neea.edu.cn 发来的 E-mail，并按 E-mail 中的指令完成操作（请考生在考生文件夹下创建一个名为 TEMP 的文件夹，并将此 E-mail 以 HTML 格式保存在 TEMP 文件夹中）。

试卷三参考答案及评析

一、选择题

1. D	（6）A	（11）C	（16）B
2. D	（7）D	（12）C	（17）B
3. B	（8）B	（13）A	（18）D
4. C	（9）C	（14）C	（19）C
5. B	（10）D	（15）B	（20）D

答题过程同试卷一，略。

二、Windows 的基本操作（10分）

Windows 基本操作题，不限制操作的方式。请先按前述注意事项，参阅图 6.1 和图 6.2 所示对考试环境进行设置。

在"答题"菜单下选择"基本操作"命令，自动进入图 6.11 所示的资源管理器中的"考生文件夹"界面。此例"考生文件夹"为"k:\8604\14000107"。可打开 1～2 个这样的界面，便于进行复制、移动等操作。练习时请使用配套的电子资源中的"真题 14000107" 文件夹。

答题方法及知识点解析如下。

1. 创建文件

进入考生文件夹 k:\8604\14000107 下，右键单击工作区空白处，从弹出的快捷菜单中选择"新建 | WPS 文字文档"命令 ![WPS文字 文档]，或单击菜单项"文件 | 新建 | WPS 文字文档"命令（注意新建文件和文件夹的区别，文件分为不同类型）。将文件 ![新建 WPS文字 文档.wps] 改为新文件名"读书笔记.wps"。

2. 删除文件或文件夹

选中考生文件夹下的 PASCAL 文件夹，单击右键，从弹出的快捷菜单中选择"删除"命令，或单击菜单项"文件 | 删除"命令，或直接按 Delete 键，均弹出图 6.14 所示的对话框，单击"是"按钮可以将文件或文件夹放入到"回收站"。如果需要彻底删除，不放入"回收站"中，可在进行删除操作时，按住 Shift 键，此时"删除"对话框发生了变化，显示"确实要永久性地删除此文件吗？"，单击"是"按钮，将彻底从磁盘上清除此文件，不可恢复。

3. 创建文件夹（参考前例）

进入考生文件夹\FAVORITES 文件夹，单击右键，选择"新建 | 文件夹"，将文件夹命名为"明清字画类"。

4. 文件的复制（同前）

进入考生文件夹\AIRPLANE\WING 文件夹下，选中文件"DESIGN.FOR"，在其上单击右键，从弹出的快捷菜单中选择"复制"命令，或单击"编辑 | 复制"命令，或按组合键<Ctrl+C>复制。

利用" <img> "按钮回到考生文件夹下，打开需复制到的目标位置 BACKUP 文件夹，在空白处单击右键，从弹出的快捷菜单中选择"粘贴"命令，使用组合键<Ctrl+V>粘贴亦可。

5. 属性的撤销

此题的前提是做了环境设置，"显示所有文件和文件夹"，否则"隐藏"属性的文件或文件夹不可见，自然无法取消"属性"。

鼠标右键单击要取消属性设置的文件或文件夹（考生文件夹\FOCTORY 文件夹中的文件 PRODUCT.WPS），从弹出的快捷菜单中单击"属性"命令，在出现的"属性"对话框中清除"隐藏"属性前的对钩，再单击"确定"按钮退出设置。

"基本操作"题无须保存，直接单击"关闭"按钮 <img> ，回到考试题界面。

三、WPS 文字操作题（25 分）

请在"答题"菜单下选择"WPS 文字"命令，然后按照题目要求再打开相应的命令，完成下面的内容。此处请使用配套的电子资源中的真题 14000107\WPS.WPS 文件练习。

答题方法及知识点解析如下。

参阅图 6.15，打开考生文件夹下的文档 WPS.WPS 进行编辑、排版和保存。

1. 文本的查找与替换 （同真题一）

步骤 1 单击"开始"选项卡下的"编辑 | 查找替换 | 替换"命令，打开"查找和替换"对话框。

步骤 2 在"查找内容"对话框中输入要查找的内容"按痊"，在"替换为"对话框中输入要替换的内容"安全"，单击"全部替换"按钮完成此题。

2. 利用功能按钮设置文字的字体及对齐方式

步骤 1 选定要编辑的文字 （标题："重点单位网络安全及病毒疫情状况调查"）使之反显。

步骤 2 在"开始"选项卡中"字体"功能组，选择字体为"黑体"，字号为"小二"号颜色为"红色"，"段落"功能组中选择"居中"按钮。

3. 段落设置

步骤 1 选中要设置的段落使之反显（正文前二段）。

步骤 2 单击鼠标右键，从弹出的快捷菜单中选择"段落"命令，或者单击"段落"功能组中"打开旧式工具"按钮，打开"段落"对话框。

步骤3 在"段落"对话框中设置缩进量、间距、行距、对齐方式等，"特殊格式"选择"首行缩进"，度量值为"2字符"，将段落间距"段后"设置为"1行"，"确定"。

步骤4 选择最后两段落款文字"国家计算机病毒应急处理中心和计算机病毒防治产品检验中心"使其反显选中，打开"段落"对话框，选择"对齐方式"为"右对齐"，将"缩进"下的"文本之后"设置为"20毫米"（毫米的度量单位可以通过下拉列表选择）。

4. 表格格式及属性设置（题4、题5知识点）

步骤1 选定表格上方标题文字（"计算机病毒疫情调查表"）使其反显，同前，将其颜色设置为"蓝色"，设置字号为"四号"，字形为"倾斜 *I*"，单击"段落"组"居中 ≡"按钮。

步骤2 单击表格左上角"⊹"图标，选择整张表格，右击，在弹出的快捷菜单中选择"单元格对齐方式 ⊞ 单元格对齐方式(G)"，在如图6.62所示的选项中选择"垂直居中"。

图6.62 单元格对齐方式

步骤3 选择表格第1行中除"单位名称："所在的单元格外的第2至4个单元格（即B1：D1），右击，在弹出的快捷菜单中选择"合并单元格 ⊞ 合并单元格(M)"按钮，则此3个单元格合并为一个单元格。

步骤4 单击表格左上角"⊹"图标，选择整张表格，右击，在弹出的快捷菜单中选择"边框和底纹"命令。或单击"表格工具"选项下的"表格"功能组中的"表格属性"命令，在弹出"表格属性"对话框中选择"边框和底纹"的按钮。类似图6.50所示进行设置。"设置"选"自定义"，线型选"细双线"，颜色选"深蓝"，宽度选"0.75磅"右边"预览"栏单击上、下、左、右，即将外边框应用细双线的效果。单击"确定"按钮。

WPS文字设置完毕效果如图6.63所示。单击"关闭"按钮，保存文件退出。

图6.63 试卷三WPS文字题效果图

四、WPS 表格操作题（20 分）

答题步骤及知识点解析如下。

单击"答题"菜单下的"WPS 表格"命令，选择"Book1.et"，则动打开考生文件夹下的 WPS 表格文件"Book1.et"。请使用配套的电子资源中的真题 14000107\ Book1.et 文件练习。

1. WPS 表格数据输入、格式设置及公式计算

选中 A3 单元格，输入"月份"，回车后 A4 单元格输入"上年产值"，利用填充柄往下拖，A5 单元格复制出一个"上年产值"，双击 A5 单元格，将"上"改为"本"。

步骤 1 B3 单元格输入"1 月"，利用细十字填充柄往右拖出"2 月"至"12 月"（系统自定义的序列），然后按题目要求输入其余内容，按 Tab 键向右跳一个单元格，仔细核对。

步骤 2 选择 B4:N5，单击"开始"选项卡下的快速计算功能"自动求和" ∑ 自动求和 下的"求和" Σ 求和(S)，则计算出"全年累计"列的值。

步骤 3 选定要操作的单元格 A3:N5，选择"开始"选项卡下的"单元格格式"功能组，字体设置为"宋体"，字号设置为"12"磅，对齐方式设置为"居中" 。

2. WPS 表格工作表重命名

双击"Sheet1"，或是右键单击"Sheet1"，选择"重命名"命令，将名字改为"产值对比表"（注意：此步若做错，整个 WPS 表格题将不得分!!!）。

3. 设置图表

步骤 1 选定要操作的数据范围（此例为除"全年累计"外全部数据 A3:M5）。

步骤 2 在"插入"选项卡上的"图表"组中，单击"图表"按钮 ，打开图 6.64 所示的"图表类型"对话框。单击所需要的"图表类型"和"子图表类型"，这里选择"折线图"的"折线图"。

图 6.64 选择图表类型

步骤 3 单击"下一步"按钮，打开图 6.65 所示的"源数据"对话框。该对话框中有"数据区域"和"系列"两个选项卡。"数据区域"选项卡中的选项用于修改创建图表的数据区域；"系列"选项卡中的选项用于修改数据系列的名称、数值以及分类（X）轴标志。此时"系列"及分类（X）轴标志均已符合要求，无须修改。

图 6.65　源数据对话框

步骤 4　单击"下一步"按钮，打开"图表选项"对话框。该对话框中有"标题""坐标轴""网格线""图例""数据标志"和"数据表"6 个选项卡。通过对相应选项卡中的选项进行设置，可以改变图表中的对象。在"标题"选项卡中的"图表标题"文本框中输入"本年度与上年度产值对比图"，单击"完成"按钮即可在当前工作表中插入一个图表。

步骤 5　光标放在"图表区"空白处，鼠标变为"🖰"，移动至左上角"A7"单元格，按住左键拖曳右下角句柄使其缩至"M17"单元格内。最终效果如图 6.66 所示。单击"关闭"按钮，保存退出。

图 6.66　WPS 表格题效果图

五、WPS 演示操作题（15 分）

答题步骤及知识点解析如下。

单击"答题"菜单，选择"WPS 演示"命令，打开演示文稿。请使用配套的电子资源中的真题 14000107\ ys.dps 文件练习。

1. 题 1 知识点

（1）WPS 演示中文字格式的设置。

步骤 1　选定第 2 张幻灯片大标题文字"全国计算机等级考试"所在文本框。

步骤 2　在"开始"选项卡下的"字体"组中，将字体设置为"黑体"，颜色选择如图 6.67 所示，选择"其他字体颜色"下的"自定义"，按题目要求，设置为蓝色（RGB 值：红 0，绿 0，蓝 255）。

图 6.67　自定义颜色

（2）动画效果设置及幻灯片的编辑。

步骤　单击选中第 2 张幻灯片左下角的图片，在"幻灯片浏览"视图中，单击选择"动画"选项卡下的"自定义动画"按钮 ，则右侧任务窗格出现"自定义动画"选项，单击"添加效果"菜单，选择"进入 | 盒状"命令。

（3）同上套试题。在幻灯片视图下，拖幻灯片 1 至幻灯片 2 的下方（也可以把幻灯片 2 拖至幻灯片 1 前面），注意观察此时的光标，释放鼠标，第 1 张幻灯片和第 2 张交换了位置。

2. 题 2 知识点

（1）演示文稿外观模板的设置。

步骤 1　任选一张幻灯片（因模板效果将应用到所有幻灯片）。

步骤 2　单击右侧任务窗格中的"模板"按钮 ，或是右键单击幻灯片空白处，选择"幻灯片设计"命令 幻灯片设计(E)... ，或在"设计"选项卡下的"幻灯片模板"组中选择"人际关系"效果。测试时，根据考试系统内所存放的模板（.DPT）文件选择，不同的版本，这部分内容会有所不同。利用左上角 WPS 演示 下的 本机上的模板(M)... ，可以以系统现有模板新建 WPS 演示文件。

步骤 3　在右侧任务窗格中选择模板时，可以选择"应用于选中页""应用于所有页""应用于母版"，默认为"应用于所有页"。

（2）多张幻灯片切换方式的设置。

步骤 1　任选一张幻灯片。

步骤 2　单击右侧任务窗格中的"切换"按钮 ，或是在"幻灯片放映"选项卡下选择"幻灯片切换"命令 ，或右键单击幻灯片空白处，在弹出的快捷菜单中选择"幻灯片切换…"命令 幻灯片切换(L)... ，在幻灯片切换效果中选择"向下插入"项，并单击"应用于所有幻灯片"

按钮 应用于所有幻灯片 ，即将全部幻灯片的切换效果都设置成为"向下插入"出现效果。

步骤3 可利用"播放"或"幻灯片播放"按钮检查效果。

步骤4 单击"关闭"按钮，保存并退出。

六、上网操作题（10分）

答题步骤及知识点分析如下。

接收并阅读由 xuexq@mail.neea.edu.cn 发来的 E-mail，并按 E-mail 中的指令完成操作（请考生在考生文件夹下创建一个名为 TEMP 的文件夹，并将此 E-mail 以 HTML 格式保存在 TEMP 文件夹中）。

知识点：邮件接收、邮件另存。

步骤1 选择"答题"菜单下的"上网 | Outlook Express 仿真"命令进入 Outlook Express 仿真程序。

步骤2 在 Outlook Express 界面的工具栏中单击"发送/接收"按钮 ，此时"收件箱"显示接收到一封新邮件。

步骤3 双击打开这封名为"指令 ⓖ ✉xuexq@mail.neea.edu.cn 指令"的邮件。

步骤4 按指令，在考生文件夹"k:\8604\14000107"下新建一个文件夹 TEMP。

步骤5 单击"文件"菜单下的"另存为"命令。

步骤6 选择文件保存位置（k:\8604\14000107\TEMP），文件名默认，文件类型选择网页格式（HTML 文件，*.htm，*.html），单击"保存"按钮。

项目3　考点详解

下面分五部分对考点进行详细的讲解。

1. 中文 Windows 7 操作系统

☞ **基础知识点**

（1）创建文件夹。

打开"Windows 资源管理器"或"计算机"，打开考生文件夹中新文件夹的存放位置（文件夹），单击"文件 | 新建 | 文件夹"命令，输入新文件夹的名称，按回车（Enter）键（也可单击右键选择"新建 | 文件夹"命令）。

（2）复制文件或文件夹。

单击"Windows 资源管理器"或"计算机"中要复制的文件或文件夹，单击"编辑 | 复制"命令（也可单击右键选择"复制"命令），打开要存放副本的文件夹或磁盘，单击"编辑 | 粘贴"命令（也可单击右键选择"粘贴"命令）。

（3）移动文件或文件夹。

单击"计算机"或"Windows 资源管理器"中要移动的文件或文件夹，单击"编辑 | 剪切"命令（也可单击右键选择"剪切"命令），打开要存放的文件夹或磁盘，单击"编辑 | 粘贴"命令。

（4）删除文件或文件夹。

单击"计算机"或"Windows 资源管理器"中选择要删除的文件或文件夹，单击"文件 | 删除"命令。另外，也可以将文件或文件夹图标拖动到"回收站"。注：如果按住了 Shift 键进行拖动，该项目将从计算机中直接删除而不保存在"回收站"中。

（5）设置文件或文件夹属性。

右键单击"计算机"或"Windows 资源管理器"中要设置的文件或文件夹，从弹出的快捷菜单中单击"属性"命令，在出现的"属性"对话框中可以设置文件的"存档、只读或隐藏"等属性。

（6）创建快捷方式。

单击"计算机"或"Windows 资源管理器"中要创建快捷方式的文件夹或文件，单击右键选择"新建 | 快捷方式"命令。（注：也可单击"文件 | 新建 | 快捷方式"命令）。

☞ **重要考点**

（1）"资源管理器"及"计算机"的使用。

（2）文件与文件夹的操作（包括文件或文件夹的创建、删除、复制、移动、重命名、属性、创建快捷方式）。

（3）输入法的设置（输入法切换、字符标点的全角/半角方式切换、中/英文切换）。

（4）文件和文件夹的搜索。

☞ **经典题解**

一、基础知识部分（选择题解）

二进制及数据转换

1.假设某台计算机内存储器的容量为1KB，其最后一个字节的地址是_____。 A）1023H　　　　B）1024H C）0400H　　　　D）03FFH	1. D 知识点：进制的转换 评析：1KB=2^{10}B，$2^{10}-1=1023$，1023 转换成十六进制数为 03FFH。
2.一个字长为 6 位的无符号二进制数能表示的十进制数值范围是_____。 A）0～64　　　　B）1～64 C）1～63　　　　D）0～63	2. D 知识点：进制的转换 评析：一个字长为 6 位（2^5）的无符号二进制数能表示的十进制数值范围是 0 到 63。
3.已知 A=10111110B，B=ABH，C=184D，关系成立的不等式是_____。 A）A＜B＜C　　　B）B＜C＜A C）B＜A＜C　　　D）C＜B＜A	3. B 知识点：计算机中数据的进制转换 评析：A=190D、B=171D，所以 B＜C。
4.无符号二进制整数 1011010 转换成十进制数是_____。 A）88　　　　　B）90 C）92　　　　　D）93	4. B 知识点：计算机中数据的进制转换 评析：二进制转换成十进制可以将它展开成 2 次幂的形式来完成。 $1011010 = 1 \times 2^6 + 1 \times 2^4 + 1 \times 2^3 + 1 \times 2^1 = 90$。
5.下列两个二进制数进行算术运算，11101+10011 = _____。 A）100101　　　B）100111 C）110000　　　D）110010	5. C 知识点：计算机中数据的进制计算 评析：二进制数算术加运算的运算规则是 $0-0=0$，$0-1=1$（借位 1），$1-0=1$，$1-1=0$。
6.十进制 57 转换成无符号二进制整数是_____。 A）0111001　　　B）011001 C）0110011　　　D）011011	6. A 知识点：计算机中数据的进制转换 评析：要将十进制数转换成二进制数可以采用"凑数"法。本题转换结果是 0111001。
7.已知英文字母 m 的 ASCII 码值为 6DH，那么字母 q 的 ASCII 码值是_____。 A）70H　　　　　B）71H C）72H　　　　　D）6FH	7. B 知识点：计算机数据的进制运算 评析：ASCII 码本是二进制代码，而 ASCII 码表的排列顺序一般是十进制数，包括英文小写字母、英文大

写字母、各种标点符号及专用符号、功能符等。字母"m"与"q"之间相差 4，6DH 转换为十进制数是 109，109 加上 4 为 113，113 转换为十六进制数是 71H。

8.二进制数 110001 转换成十进制数是_____。
A）47　　　　　　B）48
C）49　　　　　　D）51

8.　C
知识点：计算机中数据的进制转换
评析：二进制转换成十进制可以将它展开成 2 次幂的形式来完成。
$110001 = 1 \times 2^5 + 1 \times 2^4 + 1 \times 2^0 = 49$。

计算机的基础知识

1.把内存中的数据传送到计算机的硬盘上去的操作称为_____。
A）显示　　　　　　B）写盘
C）输入　　　　　　D）读盘

1.　B
知识点：计算机的基础知识
评析：把硬盘上的数据传送到计算机的内存中去，称为读盘；把内存中数据传送到计算机的硬盘上去，称为写盘。

2.下列叙述中，正确的是_____。
A）把数据从硬盘上传送到内存的操作称为输出
B）WPS Office 2003 是一个国产的操作系统
C）扫描仪属于输出设备
D）将高级语言编写的源程序转换成机器语言程序的程序叫编译程序

2.　D
知识点：计算机的基础知识
评析：把数据从硬盘上传送到内存的操作称为输入，WPS Office 2003 是一个国产的应用软件，扫描仪属于输入设备。

3.下列计算机技术词汇的英文缩写和中文名字对照中，错误的是_____。
A）CPU——中央处理器
B）ALU——算术逻辑部件
C）CU——控制部件
D）OS——输出服务

3.　D
知识点：计算机的基础知识
评析：OS 是操作系统（Operating System）的英文缩写。

4.下列关于软件的叙述中，错误的是_____。
A）计算机软件系统由程序和相应的文档资料组成
B）Windows 操作系统是最常用的系统软件之一
C）Word 就是应用软件之一
D）软件具有知识产权，不可以随便复制使用

4.　A
知识点：计算机系统的基础知识
评析：目前对计算机软件系统的定义不是很详细，但通过排除，所以本题选 A。

5.世界上公认的第一台电子计算机诞生的年代是_____。
A）1943　　　　　　B）1946
C）1950　　　　　　D）1951

5.　B
知识点：第一台电子计算机诞生的年代
评析：1946 年 2 月 15 日，第一台电子计算机 ENIAC 在美国宾夕法尼亚大学诞生。

6.操作系统对磁盘进行读/写操作的单位是_____。
A）磁道　　　　　　B）字节
C）扇区　　　　　　D）KB

6.　C
知识点：计算机操作系统的功能和分类
评析：操作系统以扇区为单位对磁盘进行读/写操作，扇区是磁盘存储信息的最小物理单位。

7.英文缩写 CAM 的中文意思是_____。
A）计算机辅助设计　　B）计算机辅助制造
C）计算机辅助教学　　D）计算机辅助管理

7.　B
知识点：计算机应用领域
评析：CAM 的全称为 Computer Aided Manufacturing，中文意思是计算机辅助制造。

8.多媒体信息在计算机中的存储形式是_____。
A）二进制数字信息

8.　A
知识点：计算机的类型及其应用领域中的多媒体计算机

B）十进制数字信息
C）文本信息
D）模拟信号

评析：多媒体的实质是将以不同形式存在的各种媒体信息数字化，然后用计算机对它们进行组织、加工，并以友好的形式提供给用户使用。传统媒体信息基本上是模拟信号，而多媒体处理的信息都是数字化信息，这正是多媒体信息能够集成的基础。

9.办公自动化（OA）是计算机的一项应用，按计算机应用的分类，它属于_____。
A）科学计算　　　　　　B）辅助设计
C）实时控制　　　　　　D）信息处理

9. D
知识点：计算机的应用领域
评析：信息处理是目前计算机应用最广泛的领域之一，信息处理是指用计算机对各种形式的信息（如文字、图像、声音等）收集、存储、加工、分析和传送的过程。

计算机硬件系统

1.组成微型机主机的部件是_____。
A）CPU、内存和硬盘
B）CPU、内存、显示器和键盘
C）CPU 和内存储器
D）CPU、内存、硬盘、显示器和键盘套

1. C
知识点：组成微型机主机的部件
评析：主机的部件由 CPU 和内存储器构成。

2.目前市售的 USB FLASH DISK（俗称优盘）是一种_____。
A）输出设备　　　　　　B）输入设备
C）存储设备　　　　　　D）显示设备

2. C
知识点：计算机硬件系统组成及其功能
评析：U 盘是一种辅助存储设备，又称拇指盘，是利用闪存在断电后还能保持存储等额数据不丢失的特点而制成的。

3.下列设备组中，完全属于输出设备的一组是_____。
A）喷墨打印机、显示器、键盘
B）键盘、鼠标器、扫描仪
C）激光打印机、键盘、鼠标器
D）打印机、绘图仪、显示器

3. D
知识点：计算机硬件系统组成及其功能
评析：输出设备的主要功能是将计算机处理后的各种内部格式的信息转换为人们能识别的形式（如文字、图形、图像和声音等）表达出来。输入设备包括鼠标、键盘、手写板、扫描仪等。输出设备包括打印机、绘图仪、显示器等。

4.如某台计算机的型号是 486/25，其中 25 的含义是_____。
A）该微机的内存为 25 MB
B）CPU 中有 25 个寄存器
C）CPU 中有 25 个运算器
D）时钟频率为 25 MHz

4. D
知识点：计算机硬件系统组成及其功能
评析：25 指的是计算机的时钟频率。

5.能将计算机运行结果以可见的方式向用户展示的部件是_____。
A）存储器　　　　　　B）控制器
C）输入设备　　　　　　D）输出设备

5. D
知识点：计算机硬件系统的组成及其功能
评析：输出设备的主要功能是将计算机处理的各种内部格式信息转换为人们能识别的形式。

6.用来存储当前正在运行的应用程序的存储器是_____。
A）内存　　　　　　　　B）硬盘
C）软盘　　　　　　　　D）CD-ROM

6. A
知识点：存储器（ROM、RAM）的功能
评析：计算机存储器可分为两大类，一类是设在主机中的内存储器（简称内存），也叫主存储器，用于存放当前运行的程序和程序所用的数据，属于临时存储器；另一类是属于计算机外部设备的存储器，叫外部存储器（简称外存），也叫辅助存储器。外存属于永久性存储器，存放着暂时不用的数据和程序。

7.下列关于总线的说法，错误的是_____。
A）总线是系统部件之间传递信息的公共通道
B）总线有许多标准，如 ISA、AGP 总线等
C）内部总线分为数据总线、地址总线、控制总线
D）总线体现在硬件上就是计算机主板

7. C
知识点：计算机硬件系统的组成和功能
评析：总线就是系统部件之间传送信息的公共通道，各部件由总线连接并通过它传递数据和控制信号。总线分为内部总线和系统总线，系统总线又分为数据总线、地址总线和控制总线。总线在发展过程中形成了许多标准，如 ISA、EISA、PCI 和 AGP 总线等。总线体现在硬件上就是计算机主板，它也是配置计算机时的主要硬件之一。

8.目前，度量中央处理器（CPU）时钟频率的单位是_____。
A）NIFS   B）GHz
C）GB   D）Mbps

8. B
知识点：计算机系统的主要技术指标
评析：用 MHz、GHz 来衡量计算机的性能，它指的是 CPU 的时钟主频。存储容量单位是 B、MB、GB 等。

9.计算机存储器中，组成一个字节的二进制位数是_____。
A）4 bits   B）8 bits
C）26 bits   D）32 bits

9. B
知识点：计算机系统的存储器的单位
评析：为了存取到指定位置的数据，通常将每 8 位二进制位组成一个存储单元，称为字节。

10.目前，打印质量最好的打印机是_____。
A）针式打印机   B）点阵打印机
C）喷墨打印机   D）激光打印机

10. D
知识点：打印机打印质量
评析：点阵打印机的优点是耗材便宜，缺点是打印速度慢、噪声大、打印质量差。喷墨打印机的优点是设备价格低廉、打印质量高于点阵打印机、可彩色打印、无噪声，缺点是打印速度慢、耗材贵。激光打印机的优点是无噪声、打印速度快、打印质量最好，常用来打印正式公文及图表，缺点是设备价格高、耗材贵，打印成本在打印机中最高。

11.存储一个 32×32 点阵的汉字字形码需用的字节数是_____。
A）256   B）128
C）72   D）26

11. B
知识点：数据的存储单位（位、字节、字）中存储空间的计算
评析：8 位二进制位组成一个字节，因此，要存放 1 个 32×32 点阵的汉字字模，需要 32×32/8=128B。

12.容量为 640KB 的存储设备，最多可存储_____个西文字符。
A）655360   B）655330
C）600360   D）640000

12. A
知识点：存储容量的计算
评析：一个西文字符占用一个字节，640KB=640×1024=655360B。

13.下列四条叙述中，正确的一条是_____。
A）字节通常用英文字母" bit"来表示
B）目前广泛使用的 Pentium 机，其字长为 5 字节
C）计算机存储器中将 8 个相邻的二进制位作为一个单位，这种单位称为字节
D）微型计算机的字长并不一定是字节的倍数

13. C
知识点：数据的存储单位（位、字节、字）
评析：在计算机中通常使用三个数据单位：位、字节和字。位的概念是：最小的存储单位，英文名称是 bit，常用小写字母 b 或 bit 表示。用 8 位二进制数作为表示字符和数字的基本单元，英文名称是 byte，称为一字节，通常用大写字母 B 表示。
字长：字长也称为字或计算机字，它是计算机能并行处理的二进制数的位数。

计算机软件系统

1.计算机操作系统通常具有的五大功能是_____。

1. C
知识点：计算机操作系统

A）CPU 管理、显示器管理、键盘管理、打印管理和鼠标器管理 B）硬盘管理、软盘驱动器管理、CPU 管理、显示器管理和键盘管理 C）处理器（CPU）管理、存储管理、文件管理、设备管理和作业管理 D）启动、打印、显示、文件存取和关机	评析：操作系统是管理、控制和监督计算机软、硬件资源协调运行的程序系统，有一系列具有不同控制和管理功能的程序组成，是直接运行在计算机硬件上的、最基本的系统软件。通常应包括五大功能模块：处理器管理、存储器管理、设备管理、文件管理、作业管理。
2.软件系统中，具有管理软、硬件资源功能的是_____。 A）程序设计语言 B）字表处理软件 C）操作系统 D）应用软件	2. C 知识点：计算机软件系统的组成和功能 评析：操作系统是对硬件功能的首次扩充，其他软件则是建立在操作系统之上的，通过操作系统对硬件功能进行扩充，并在操作系统的统一管理和支持下运行各种软件。它有两个重要的作用：管理系统中的各种资源；为用户提供良好的界面。
3.用高级程序设计语言编写的程序___。 A）计算机能直接运行 B）可读性和可移植性好 C）可读性差但执行效率高 D）依赖于具体机器，不可移植	3. B 知识点：程序设计语言的概念。 评析：用高级程序设计语言编写的程序具有可读性和可移植性，基本上不做修改就能用于各种型号的计算机和各种操作系统。
4.下列各类计算机程序语言中，不属于高级程序设计语言的是_____。 A）Visual Basic 语言 B）FORTAN 语言 C）Pascal 语言 D）汇编语言	4. D 知识点：高级程序设计语言的分类概念 评析：程序设计语言通常分为机器语言、汇编语言和高级语言三类。目前流行的高级语言有 C、C++、Visual C++、Visual Basic 等。
5.运用"助记符"来表示机器中各种不同指令的符号语言是_____。 A）机器语言　　　　B）汇编语言 C）C 语言　　　　　D）BASIC 语言	5. B 知识点：程序设计语言 评析：能被计算机直接识别并执行二进制代码语言的称为机器语言，用助记符表示二进制代码的机器语言称为汇编语言，高级语言是同自然语言和数字语言比较接近的计算机程序设计语言，用高级语言不能直接在机器上运行，需要通过编译程序转换成机器语言，程序才能在机器上执行。
6.下列关于高级语言的说法中，错误的是_____。 A）通用性强 B）依赖于计算机硬件 C）要通过翻译后才能被执行 D）BASIC 语言是一种高级语言	6. B 知识点：程序设计语言 评析：用高级程序设计语言编写的程序具有可读性和可移植性，基本上不做修改就能用于各种型号的计算机和各种操作系统，通用性好。同样，用高级语言编写的程序称为高级语言源程序，计算机是不能直接识别和执行高级语言源程序的，也要通过解释和编译把高级语言程序翻译成等价的机器语言程序才能执行。

汉字及编码

1.一个汉字的内码长度为 2 个字节，其每个字节的最高二进制位的依次分别是_____。 A）0，0　　　　　B）0，1 C）1，0　　　　　D）1，1	1. D 知识点：计算机中数据的表示中汉字及其编码（国标码）的使用 评析：汉字机内码是计算机系统内部处理和存储汉字的代码，国家标准是汉字信息交换的标准编码，但因其前后字节的最高位均为 0，易与 ASCII 码混淆。因

此汉字的机内码采用变形国家标准码，以解决与
ASCII 码冲突的问题。将国家标准编码的两个字节中
的最高位改为 1 即为汉字输入机内码。

2.汉字的区位码由一个汉字的区号和位号组成，其区号和位号的范围各为_____。
A）区号 1~95，位号 1~95
B）区号 1~94，位号 1~94
C）区号 0~94，位号 0~94
D）区号 0~95，位号 0~95

2. B
知识点：汉字及其编码（国标码）
评析：GB2312 国标字符集构成一个二维平面，它分成 94 行、94 列，行号称为区号，列号称为位号。每一个汉字或符号在码表中都有各自的位置，因此各有一个唯一的位置编码，该编码就是字符所在的区号及位号的二进制代码，这就叫该汉字的"区位码"。

3.目前，在计算机中全球都采用的符号编码是_____。
A）ASCII 码
B）GB2312—80
C）汉字编码
D）英文字母

3. A
知识点：汉字及其编码（国标码）
评析：目前微型机中普遍采用的字符编码是 ASCII 码。它采用 7 位 2 进制码对字符进行编码，从 0000000 到 1111111 可以表示 128 个（2^7）不同的字符。

4.汉字输入法中的自然码输入法称为_____。
A）形码
B）音码
C）音形码
D）以上都不是

4. C
知识点：汉字及其编码（国标码）
评析：自然码输入法属于音形码输入法，它是以拼音为主，辅以字形字义进行编码的。

5.若已知一汉字的国际码是 5E38H，则其内码是_____。
A）DEB8H
B）DE38H
C）5EB8H
D）7E58H

5. A
知识点：汉字的内码
评析：汉字的内码＝汉字的国际码＋8080H，即 5E38H+8080H=DEB8H。

计算机安全

1.下列关于计算机病毒的叙述中，正确的是_____。
A）反病毒软件可以查杀任何种类的病毒
B）计算机病毒是一种破坏了的程序
C)反病毒软件必须随着新病毒的出现而升级，提高查杀病毒的功能
D）感染过计算机病毒的计算机具有对该病毒的免疫性

1. C
知识点：计算机病毒
评析：微机的病毒，是指一种在微机系统运行过程中能把自身精确地拷贝或有修改地拷贝到其他程序体内的程序。它是人为非法制造的具有破坏性的程序。

2.主要在网络上传播的病毒是_____。
A）文件型
B）引导型
C）网络型
D）复合型

2. C
知识点：计算机病毒
评析：病毒按其感染的方式，可分为：引导区型病毒、文件型病毒、混合型病毒、宏病毒和 Internet 病毒（网络病毒）。Internet 病毒大多是通过 E-mail 传播，破坏特定扩展名的文件，并使邮件系统变慢，甚至导致网络系统崩溃。

3.若出现_____现象时，应首先考虑计算机是否感染了病毒。
A）不能读取光盘
B）启动时报告硬件问题
C）程序运行速度明显变慢
D）软盘插不进驱动器

3. C
知识点：计算机感染病毒的常见症状
评析：（1）磁盘文件数目无故增多；
（2）系统的内存空间明显变小；
（3）文件的日期/时间值被修改成新近的日期或时间（用户自己并没有修改）；
（4）感染病毒后的可执行文件的长度通常会明显增加；
（5）正常情况下可以运行的程序却突然因 RAM 区容量不足而不能装入；

（6）程序加载时间或程序执行时间明显比正常时的长；

（7）计算机经常出现死机现象或不能正常启动；

（8）显示器上经常出现一些莫名其妙的信息或异常现象；

（9）从有写保护的软盘上读取数据时，发生写盘的动作。这是病毒往软盘上传染的信号。

4.下列叙述中，错误的一条是_____。

A）计算机的合适工作温度在 15℃～35℃

B）计算机要求的相对湿度不能超过 80%，但对相对湿度的下限无要求

C）计算机应避免强磁场的干扰

D）计算机使用过程中特别注意：不要随意突然断电关机

4. B

知识点：计算机使用安全常识

评析：计算机相对湿度一般不能超过 80%，否则会使元件受潮变质，甚至会漏电、短路，以致损害机器。相对湿度低于 20%，则会因过于干燥而产生静电，引发机器的错误动作。

计算机网络

1.下列关于网络协议说法正确的是_____。

A）网络使用者之间的口头协定

B）通信协议是通信双方共同遵守的规则或约定

C）所有网络都采用相同的通信协议

D）两台计算机如果不使用同一种语言，则它们之间就不能通信

1. B

知识点：计算机网络

评析：协议指的是计算机通信过程中通信双方对速率、传输代码、代码结构、传输控制步骤以及出错控制等要遵守的约定。

2.计算机网络分局域网、城域网和广域网，属于局域网的是_____。

A）ChinaDDN 网　　　　　B）Novell 网

C）Chinanet 网　　　　　D）Internet

2. B

知识点：计算机网络的分类

评析：计算机网络按区域的不同可以分为局域网、城域网和广域网，Chinanet 网属于广域网。Novell 网属于局域网。

3.下列各项中，非法的 Internet 的 IP 地址是_____。

A）202.96.12.14

B）202.196.72.140

C）112.256.23.8

D）201.124.38.79

3. C

知识点：计算机网络中 IP 地址的书写

评析：IP 地址由 32 位二进制数组成（占 4 个字节），也可以用十进制表示，每个字节之间用点"."间隔开，每个字节内数的表示范围为 0~255（即<256）。

4.以下说法中，正确的是_____。

A）域名服务器（DNS）中存放 Internet 主机的 IP 地址

B）域名服务器（DNS）中存放 Internet 主机的域名

C）域名服务器（DNS）中存放 Internet 主机的域名与 IP 地址对照表

D）域名服务器（DNS）中存放 Internet 主机的电子邮箱地址

4. C

知识点：互联网的基本概念中的域名服务器的作用

评析：从域名到 IP 地址或者从 IP 地址到域名的转换由域名服务器（DNS）完成。

5.下列用户 XUEJY 的电子邮件地址中，正确的是_____。

A）XUEJY @ bj163.com

B）XUEJY&bj163.com

C）XUEJY#bj163.com

D）XUEJY@bj163.com

5. D

知识点：电子邮件地址的格式

评析：电子邮件地址的格式是<用户标识>@<主机域名>，地址中间不能有空格或逗号。

2．计算机网络

☞ **基础知识点**

（1）计算机网络简介

（2）数据通信常识

（3）计算机网络的组成

（4）网络分类

（5）因特网概述

（6）IP 地址和域名、IP 协议

（7）因特网接入方式、拨号上网

☞ **重要考点**

（1）上网浏览

（2）电子邮件收发

☞ **经典题解**

（1）上网浏览题一

某模拟网站的主页地址是 HTTP://LOCALHOST/index.htm，打开此主页，浏览"等级考试"的页面，查找"等级考试各地考办"中的页面内容，并将它以文本文件的格式保存到考生文件夹下，命名为"考点.txt"。

知识点：**网页浏览、网页保存**

步骤 1 单击"答题 | 启动 Internet Explorer 浏览器"命令，在地址栏中输入主页地址。

步骤 2 在主页上单击要浏览的页面标签。在页面上单击要查找的内容的热区。

步骤 3 打开页面后，单击"文件 | 另存为"命令。

步骤 4 在"保存"对话框中，选择文件保存位置（"保存在"）、保存类型，在文件名框内输入指定的文件名，单击"保存"按钮。

（2）上网浏览题二

更改主页：在 IE 窗口中单击"工具"下拉菜单中的"Internet 选项"命令，在打开的"Internet 选项"对话框中单击"常规"标签，在"主页"组中输入要设置为主页的 URL 地址（在连接的情况下，可以单击"使用当前页"按钮，设置所连接的当前页为主页），单击"确定"按钮。

（3）上网浏览题三

使用收藏夹：在 IE 窗口中打开要收藏的网页，单击"收藏"菜单中的"添加到收藏夹"命令，在"添加到收藏夹"对话框中输入名称，单击"确定"按钮。

（4）邮件操作题一

同时向下列两个 E-mail 地址发送一个电子邮件（注：不准用抄送），并将考生文件夹下的一个文本文件 myfile.txt 作为附件一起发出去。

具体如下。

① "收件人 E-mail 地址"：wurj@bj163.com 和 kuohq@263.net.cn。

② "主题"：统计表。

③ "函件内容"：发去一个统计表，具体见附件。

"格式"菜单中的"编码"命令中选择"简体中文（GB2312）"项。邮件发送格式为"多信息文本（HTML）"。

知识点：同时为多人撰写邮件、邮件附件

步骤1 选择"答题"菜单下的"上网 | Outlook Express 仿真"命令，进入 Outlook Express 仿真程序。

步骤2 单击"创建邮件"命令 。

步骤3 在"收件人"地址栏输入 wurj@bj163.com，kuohq@263.net.cn，如图 6.68 所示。

图 6.68 创建新邮件

同时给多人发送邮件（不许抄送）时，两个邮件地址之间用纯英文逗号（,）或分号（；）间隔。

步骤4 输入主题及函件内容，查看格式。

步骤5 单击工具栏上的"回形针"按钮 或单击"插入 | 文件附件"命令，在考生文件夹下找到指定的文件 myfile.txt，插入到邮件中，如图 6.69 所示。

图 6.69 插入邮件附件

步骤6 如图 6.70 所示，单击"发送"命令，邮件发送完毕。

第 6 章 考试策略及试题精解

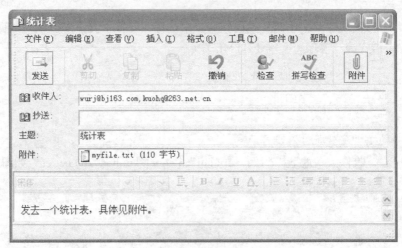

图 6.70 发送邮件

（5）邮件操作题二

接收并阅读由 xuexq@mail.neea.edu.cn 发来的 E-mail，并按 E-mail 中的指令完成操作（将随信发来的附件以 Out.txt 为文件名保存到考生文件夹下）。

知识点：**邮件接收、保存邮件附件**

步骤 1 选择"答题"菜单下的"上网 | Outlook Express 仿真"命令，进入 Outlook Express 仿真程序。

步骤 2 在 Outlook Express 界面工具栏中单击"发送/接收"按钮 ，此时"收件箱"显示接收到一封新邮件。如图 6.35 所示。

步骤 3 双击打开这封名为"指令 ⚓ xuexq@mail.neea.edu.cn 指令"的邮件（前面的回形针图标，意味着这是封带了附件的邮件）。

步骤 4 在邮件中显示的附件中，右击附件文件"Out.doc"，单击"另存为"命令，如图 6.71 所示。

步骤 5 选择文件保存位置（考生文件夹）、输入指定的文件名（Out.txt），单击"保存"按钮。如图 6.72 所示。

图 6.71 附件另存

图 6.72 保存附件

（6）邮件操作题三

接收并阅读由 zhangsf@263.net 发来的 E-mail，并立即回复，回复内容："您所要索取的物品已寄出。"

注意 "格式"菜单中的"编码"命令中用"简体中文（GB2312）"项。

知识点：**邮件接收、答复**

步骤 1 选择"答题"菜单下的"上网 | Outlook Express 仿真"命令，进入 OE 仿真程序。

步骤 2 在 OE 界面工具栏中单击"发送/接收"按钮 ，此时"收件箱"显示接收到一封新邮件。如图 6.35 所示。

步骤 3 双击打开这封来自 zhangsf 的邮件。

步骤 4 单击工具栏上的"答复"按钮 。

步骤 5 正文处输入回复内容"您所要索取的物品已寄出。"（因为是回复来信，此时对方邮箱地址已自动填在收件人处，无须用户输入），如图 6.73 所示。

图 6.73 邮件回复

步骤 6 单击"格式"菜单下的"编码"，观察格式是否符合要求，单击"发送"按钮将邮件发送出去。如图 6.74 所示。

图 6.74 格式检查

3．WPS 文字处理软件

☞ **基础知识点**

（1）WPS 文字主要功能、窗口组成

（2）WPS 文字的文件操作（新建文件、插入文件、保存文件等）

（3）字符及特殊符号输入

（4）字符格式、段落格式

（5）页面设置、页码及页眉页脚设置

（6）表格创建

（7）修改表格

（8）表格边框、底纹设置

（9）表格计算、排序

☞ **重要考点**

（1）文档操作　（创建文档、插入文件、输入字符、文档保存）

（2）文本操作（文本复制、移动、段落合并、段落拆分）

（3）查找/替换（普通查找替换、高级查找替换）

（4）文字格式设置（一般字体格式、上标、下标、文字间距、动态效果、边框底纹）

（5）段落格式设置（段落缩进与间距设置、段落边框底纹、分栏、项目符号与编号）

（6）页面格式设置（纸张大小、边距、页眉页脚、页码）

（7）创建表格（插入空表格、文本转换为表格）

（8）修改表格（修改表格列宽与行高、插入/删除行列、合并/拆分单元格）

（9）表格数据计算（简单公式计算、函数计算）

（10）数据排序

（11）表格修饰（边框、底纹修饰、表格自动套用格式）

☞ **经典题解**

略，参阅本书配套电子文件。

4．WPS 表格软件

☞ **基础知识点**

（1）WPS 表格的基本概念

（2）工作簿操作

（3）工作表操作

（4）数据输入操作

（5）单元格格式设置

（6）表格数据利用

☞ **重要考点**

（1）公式输入、自动求和

（2）函数操作

（3）数字显示格式、单元格其他格式设置

（4）单元格合并

（5）数据排序

（6）数据自动筛选、高级筛选

（7）数据分类汇总

（8）数据透视表

（9）建立图表

☞　**经典题解**

略，参阅本书配套电子文件。

5．WPS 演示文稿软件

☞　**基础知识点**

（1）WPS 演示的知识

（2）建立一个新演示文稿

☞　**重要考点**

（1）WPS 演示的基本操作

（2）文字的编辑与排版

（3）幻灯片版式

（4）改变幻灯片次序

（5）应用设计模板

（6）背景设置

（7）幻灯片切换

（8）幻灯片动画效果设置

（9）幻灯片母版

（10）超级链接的使用

（11）插入艺术字及其他对象

（12）幻灯片的放映

☞　**经典题解**

经典题一：请在"答题"菜单下选择"WPS 演示"命令，完成下面的内容。

打开指定文件夹下的演示文稿 ys.dps，按下列要求完成对此文稿的修饰并保存。

软件+程序=文档 神奇的互联网

（1）在第 1 张幻灯片标题处键入"EPSON"字母；第 2 张幻灯片的文本部分动画设置为"右下部飞入"。将第 2 张幻灯片移动为演示文稿的第 1 张幻灯片。

（2）幻灯片切换效果全部设置为"垂直百叶窗"。

经典题二：打开指定文件夹下的演示文稿 ys.dps，按下列要求完成对此文稿的修饰并保存。

局域网的拓扑结构：

　　1．总线型结构

　　2．星型结构

　　3．环型结构等

网卡的分类：

　　1．按网卡的总线接口

　　2．按网卡的传输速度

　　3．按网卡的配置

网卡的功能：
    1. 接收数据
    2. 发送数据
    3. 网络地址

常用通信协议有 TCP/IP.IPX/SPX.NETBEUL 等

（1）将最后一张幻灯片向前移动，作为演示文稿的第 1 张幻灯片，并在副标题外键入"领先同行业的技术"文字；字体设置成黑体、加粗、倾斜、44 磅。将最后一张幻灯片的版式更换为"垂直排列标题与文本"。

（2）全文幻灯片切换效果设置为"从左下抽出"；第 2 张幻灯片的文本部分动画设置为"底部飞入"。

经典题三：打开指定文件夹下的演示文稿 ys.dps，按下列要求完成对此文稿的修饰并保存。

（1）在第 1 张幻灯片的主标题处键入"先见之明万全之策"；字体设置成加粗、66 磅。在演示文稿中插入第 2 张"项目清单"幻灯片，标题处键入"让我们一起努力"，文本处键入"中国长达 15 年的入世之路终于走到了终点，但……"。第 2 张幻灯片的文本部分动画设置为"左上部飞入"。

（2）全部幻灯片的切换效果设置为"随机"。

经典题四：打开指定文件夹下的演示文稿 ys.dps，按下列要求完成对此文稿的修饰并保存。

BBS 国内一些 BBS 站点的地址：

清华大学水木清华站

bbs.qinhua.edu.cn

北方交通大学红果园

bbs.nitu.edu.cn

（1）在幻灯片的副标题区中键入"网上交流"，字体设置为黑体、红色。将第二张幻灯片版面改为"垂直排列标题与文本"。

（2）第 2 张幻灯片中的文本部分动画设置为"右侧飞入"。

经典题五：打开指定文件夹的演示文稿 ys.dps，按下列要求完成对此文稿的修饰并保存。

校内拿文凭，校外忙考证，这是时下不少在校大学生必修的两大功课。走进校园，就会发现各种培训班的广告充斥着大学的各个角落……

大学生：为了积累资本

用人单位：青睐技能型毕业生学生

学校：基础同样重要。

（1）在演示文稿第 1 张幻灯片上键入标题"学生忙考试是耶，非耶"，设置为加粗、54 磅，副标题的动画效果为"劈裂—上下向中央收缩"。

（2）将第 2 张幻灯片版面设置为"标题和竖排文字"。